U0128211

東台灣叢刊之二十

樹豆知道：
排灣族 vuvu 農地的混亂與共生

林岑　著

財團法人東台灣研究會文化藝術基金會
中華民國 113 年 4 月

本書出版蒙

曹永和文教基金會贊助
謹誌並申謝忱

推薦序

　　《樹豆知道：排灣族 vuvu 農地的混亂與共生》是建立在林岑的碩士論文基礎上，是近年來臺東大學南島文化研究所碩士班最傑出的碩士論文之一，榮獲 2022 年台灣人類學與民族學學會的「李亦園先生紀念論文獎」。這是一本試著從樹豆的角度觀看世界的多物種民族誌。本書充滿創新、饒富趣味且具有詩意，但這樣的嘗試是來自於樹豆的啟發，也深受種植樹豆的排灣族婦女的勞動和田園文化的薰陶。透過長期和排灣族 vuvu 在田裡工作，在彎腰、深蹲以及身體與土壤的相互作用中，林岑用身體感理解在排灣族混作田園中樹豆的存有意義，藉由樹豆的帶領，他認識多樣性的植物、動物、土壤、微生物、天氣，以及持續勞動的 vuvu。

　　樹豆說話了嗎？人懂樹豆的話語嗎？樹豆可以成為報導人嗎？先打開書，讀讀看，或許風、樹、花、草都開始跟你互動了。在這本去中心化的多物種民族誌中，我看見了排灣族混作田園、在烈日中彎腰工作的 vuvu，並理解樹豆和它的植物夥伴們在排灣族人的日常生活中的食物分享與食物主權實踐上的意義；也能讓人反思在當代社會中人們對於經濟與永續環境的單薄想像。過往的排灣族研究大多從傳統人類學的視野出發，但這本書則提供了貼近土壤、從樹豆和女性勞動者的角度來理解排灣族，相信對排灣族文化有興趣的朋友們能從這本民族誌中找到對話的可能。

林靖修（國立臺東大學公共與文化事務學系）

致　謝

　　難以置信地，我的論文竟出版了。這幾年不管在生活中還是在學術研究裡，因爲有許多人的幫助與支持，我才得以在我所喜歡的事物裡投注熱情並得到小小成果。

　　首先要謝謝我的研究所指導教授，林靖修老師。靖修老師自由卻也嚴謹的指導，督促我學習成爲一個獨當一面且負責任的研究者。謝謝 2018 至 2020 年在臺東大學「南島所」求學期間，教導過我的老師們：蔡政良老師、葉淑綾老師、張育銓老師以及蔣斌老師。每位老師長年累積的視野，以及對於人、地方與土地的關懷與熱情，讓誤打誤撞進入學術研究的我得以了解何謂人類學家應具備的謙卑和驕傲。

　　本論文的內容也陸續收到許多學者的指教與建議。非常感謝我的論文口試委員蔡晏霖老師與鄭肇祺老師費心給予建議，以及《南島研究學報》與東台灣研究會聘請之審查委員們給我的評論、批評與指正，讓我有機會再次精進自己的論述。

　　謝謝在臺東大學南島討論室內曾經相遇的每一位有著不同背景、來自不同部落並擁有豐富人生歷練的朋友們。我覺得很幸運能與大家相遇。在漫長的論文寫作時光裡，要特別感謝曾經陪伴我的朋友們。也謝謝早在進入田野的十年前，江慧儀和孟磊視我爲家人般接納我，毫無保留地與我分享在土地上的生活以及樸門的智慧。

　　謝謝田野初期，桃源部落的王麗文及其丈夫、工作地部落的阿強及其姨媽慷慨地幫助我找尋樹豆。此外，如果沒有我的族語

老師菈露依・搭福樂安和以及我的同學陳履安 Panguliyan Ljaljali 的幫助，我絕對無法那麼順利與自信地寫出東排灣的食物與故事，masalu。謝謝金才叔叔和 ljemenljemen 嬸嬸總慷慨地歡迎我的到來。

如果沒有與本書與物種共生的主角之一 ti vuvu i muakai 相遇，便不可能會有這本論文。我年少時祖母就過世了，未曾想過還能與一位女性長者建立起如此親密的祖孫關係。vuvu 的強大與溫柔像冬天的太陽一樣，一直帶給我與山上溫暖的力量。智慧、開朗、堅韌、並擁有好多愛的 vuvu，masalu。

感謝東台灣研究會編輯委員決定出版這本論文，也謝謝林慧珍和陳君明熱情鼓勵我投件。本論文曾獲得 2022 年臺灣人類學與民族學學會李亦園先生紀念獎學金，寫作期間也獲得中華飲食文化基金會的碩博士論文獎學金，以及臺東大學人文創新與社會實踐中心的資助，在此表示感謝。

最後謝謝這些年來接納我的沙子地上的動植物，以及真的為我帶來福氣與文筆的我的狗兒發筆，與你們共生讓我感到無比安心。最後的最後，謝謝我的家人以及伴侶惟傑，你們的愛與支持讓我得以用最好的方式探索生命與世界，我愛你們。

目　錄

表 目 錄

圖 目 錄

樹豆和 muakai，2020.01.09

第一章　為什麼是樹豆?

第一章　爲什麼是樹豆？

> 收成樹豆比收毛地瓜和花生都要難得多。必須判斷豆莢
> 內的豆仁是否已經生長得飽滿，所以要專注地判斷，必
> 須有耐心。是個既容易累又容易分心的工作，實在很難
> 提高採收效率。採收生樹豆因為需要腦、手和眼並用，
> 在工作尚未上手之前不能仰賴直覺，不然一不小心就會
> 摘下還沒長好的豆莢。我才發現 vuvu 的左眼是看不到的。
>
> ── 田野筆記 2020.01.09

一、爲什麼是樹豆？

在面對氣候變遷與能源危機的當代人類社會，食物議題攸關重要。在糧食自主率不到 40% 的台灣，稻米產量雖穩定，但國人卻不夠捧場，近年來肉類的攝取量甚至超過米和麵的總和（葉守禮 2021；行政院農委會 2021）。每當看到這樣的報告我就感到頗自責，因為我也是個麵食吃得比米飯還多的人。近年因為認識了種稻的朋友，我才開始努力在每一期稻作收成時買上一、兩公斤的米，希望透過吃飯去支持農夫之餘，更能支持台灣的本土糧食。此外，受到喜歡吃美食與烹飪的父親影響，我從小也對食物感到興趣，熱衷嘗試各種異文化的美食，並沈浸於探索文化、尋找美味的過程。然而我過去不知道的是，絕大多數在餐廳裡所吃到的文化菜色，不管味道是否「道地」，都得是先經過市場邏輯評估

後才提供給消費者選擇的，許多人——尤其是像我這樣從小早餐吃吐司麵包比稀飯來得多的人——的飲食習慣與喜好與其說是鑲嵌於文化脈絡之上，更多時候反而是被消費市場與社會階級所形塑。意識到這個事實的我開始思考，當我有意識地將飲食與商品市場脫勾，那會是什麼樣貌？如果沒有文化作為載體，自由該如何展現？

　　抱著尋找自己與食物的連結的期待，我在 2017 年開始在台東的一塊土地上生活。雖然沒有務農維生，但是這幾年來透過不間斷地種植，緩慢增加土地的生態多樣性，希望能將草相單一的沙子地變成心目中的綠洲。就是在這個過程中，我認識了樹豆這個萬能的植物。我的樸門[1]老師告訴我，在剛接管一塊土地的時候，可以試試看種很多的樹豆，因為樹豆是一個能適應各種貧瘠環境的植物，可以透過觀察樹豆在一塊地的生長狀態得知這塊土地的一些資訊。舉例來說，位於地形低窪處的樹豆長得比較好，可能是因為這裡比較留得住水，也可能是因為此處土壤本身就比較肥沃。總之，樹豆是極好的指標性作物。樹豆也是綠肥。除了本身作為豆科植物具備改善土壤之固氮生物特性之外，也是所謂的高回饋作物，種植時期僅需在一個穴內埋下兩、三顆種子，在完全不需施肥的情況下，便可在一年後長至兩米高、幅寬至少一米。樹豆「樹」的型態可為其他嬌嫩的植物擋風防曬，在兩、三年的

---

[1] Permaculture 樸門永續設計是 1970 年代開始發展的一個以生態可循環（ecological regeneration）為基礎的設計系統與生活理念，設計者透過觀察並且模仿大自然運作的模式與原則，建立自然與社會韌性的生態系統（Holmgren 2002）。

生長期之間，不定期修剪枝葉便能爲周圍土壤增添有機質和覆蓋物。此外，生產力極高的樹豆開花期是冬季的蜜源之一，乾枯的枝條還適合做柴薪，更不用說豆子是極爲營養的食物了。這麼好的東西，我幾乎爲樹豆爲之瘋狂。

在此之前，我雖然沒有任何農作的經驗，但抱著對土地與環境的美好想像，我將滿心期待賦予於樹豆上，對樹豆的一切都感到好奇。結識了台東的族人朋友後，我才知道原來樹豆在作爲我眼中的萬能植物之前，是台灣東部、南部原住民族的傳統食物；也發現有許多人們在不同領域投入不少力氣建構樹豆產業。除了有農人種植大面積的樹豆，農會超市也能看見樹豆食品，像是加了樹豆做成的麵條、樹豆沖泡飲等。從個人的經驗出發，再加上身邊正在醞釀或者已經發酵的現象，我與樹豆的關係越是親密，對它的好奇心與問題越多。

首先，樹豆並不是多數台灣人熟悉的雜糧。阿美族的 faki[2] 和我說，樹豆是放屁豆，雖然和湯煮食味道甚好，但不能吃多，會消化不良。不過這樣的食物，在世界上其他地方是許多文化的重要主食之一。在加勒比海能買得到樹豆罐頭，他們會將樹豆先用糖炒過，再加入蔬菜與椰奶水燉煮成燉菜豆。在樹豆的發源地印度，樹豆與綠豆、鷹嘴豆等豆類所做成的豆糊更是人們重要的蛋白質來源。如果如我的原住民朋友所言，樹豆是非常傳統並古老的食物，並且不管在種植上以及食物營養上都具備優點，那麼爲

---

[2] 阿美語叔叔之意。

什麼樹豆沒有在歷史演進的過程中成為台灣島民皆為熟知的食材、作物？此外，近年來不管是從政策還是產業的面相都注入許多心力建構樹豆的價值，但假設樹豆就是不被台灣大眾文化所接受的食物，那麼這樣的推動是否合理？

　　人類學多物種理論指引我從物種與網絡的角度思索問題。或許該問的並不是樹豆為什麼不受大眾青睞，而是先從樹豆的角度出發，去理解作為台灣原住民族的傳統作物，它是如何在地景中站著腳，長久以來一直存在著。2019 年到 2021 年的研究期間，我在一位八旬排灣族老人（vuvu）的混作農田地景中進行田野調查的工作，希望能從他多樣且複雜的混作田中看見一個在地的飲食系統。這位台坂村 tjuaqau 部落的 vuvu 一年四季不間斷地同時與田中的各種物互動，其中包括作物、土壤、昆蟲、鳥、雜草、廢棄物等，不僅互動的過程複雜，處於地景中的各種感官體驗又有些難以理解，有些甚至可能帶來不適。欲理解這樣複雜又混亂的地景空間，須具備什麼樣的視野？此外透過種植動作，vuvu 將人與文化鑲嵌於環境地景中，那麼這個有著樹豆的地景所產出的食物之於 vuvu、之於部落、甚至是之於排灣族人是什麼樣的存在？在一個多物種地景中，物種是否真的具備能動性？最後，在好好地理解混作田的混亂美學以及種植邏輯之後，是否為樹豆與食物和環境的關係帶來不一樣的見解和隱喻？我是否能夠透過文化的再鑲嵌，在土地中找到屬於自己的飲食自由？

　　爲了回答以上的問題，我從多物種民族誌的理論視野嘗試回應耕地的混亂；我在田野中尋找並接受衝突，最後也成爲混亂地景中的一部分。多物種研究中的聚合（assemblage）以及科技與社會研究（STS）的行動者網絡理論視野是我的研究取徑，並以感官人類學的研究方法進入田野，透過爬梳並整理關係，我爲混作田中的各方行動者尋找各種社會性的、網絡性的合作，在田野中看見混亂的背後邏輯，以及混亂中的各方行動者如何滿足彼此的需求，安好共生。

二、 人類學的混亂與網絡理論

人類世的「混亂」

　　1980 年生態學家 Eugene Stoermer 將人類世（Anthropocene）形容人類活動對於地球環境所造成的變遷之狀態。而後在 2000 年，科學家 Paul Crutzen 則將人類世的概念定義爲十八世紀中期人類社會工業化以降，人類行爲的環境影響力已經足以自成一個新的地質紀元（Haraway 2016:44）。然而我們是否能感受得到人類世？台灣人對於越來越嚴峻的氣候現象或許保有敏感度，例如拉長的乾旱期、基礎設施與山林無法支撐的強降雨，還有無可預期的風災等。但當人類世一詞跨越氣候與地球科學的學科領域，進入社會科學的視野，我們該如何理解人類世的本質？

　　從人類學的角度思考人類世，或許必須先解決 Anthropocene 一詞中 anthropo-（人類）的概念有可能產生的問題。人類學家 Anna Tsing（2015:19）認爲人類世的 anthropo- 不是指人類這個物種本身具有代表性，而是現代資本主義的發展思維下，當人與物皆被異化爲資源，進而所造成不穩定（precarious）的現狀。性別與生態社會學者 Donna Haraway 則在 *Staying with the Trouble*（2016）中提出了他所認爲更適合形容現狀的紀元：Chthulucene[3]，主張我們應該從 anthropo- 的角度轉移，將現狀中的麻煩（trouble）視爲生存之道，並且積極與世界上的其他物「成爲家人」（make kin）。

　　不可預期與麻煩等混亂的情境對人類學家來說或許並不陌生。在人類學的儀式研究中，Victor Turner（1969）所提出在過渡儀式中的中介狀態（liminality）便是一種混亂的展現。Turner 認爲所有儀式的過程必然會經過三個部分：一爲儀式初始的狀態，二爲角色混濁或是轉型的中介狀態，三爲儀式的終點或是重新聚合。中介狀態中所形容的混濁與曖昧非常有意思。一方面，它是所有經驗結構中必定會發生的「中間」狀態，是從零到一的過程中最爲曖昧、充滿不確定性的灰色地帶。在這裡任何事情都可以發生，甚至可以免去被定義。從時間軸度而言，這樣的中介狀態可廣義地視爲「過程」。中介狀態的混亂隱喻是好思考的。除了使用在典型的人類學研究，人類學者也將中介狀態中的邊界與處於中間

---

[3] Haraway 所定義之 Chthulucene 字源爲希臘語的 khthon 和 kainos，分別爲 earth 和 now 的意思（2016:55）。

的矛盾感應用在跨學科的討論上（Horvath et al. 2015）。從生態學的角度思考，中介則類似邊界效應（edge effect）與生態過渡帶（ecotone），指在兩個不同區域或是生物棲息地的交界處會有更高的生物多樣性，但也因為位於邊界，該地區面對外力會更加脆弱（Harris 1988）。本書裡混亂[4]與邊界這兩個概念相互呼應，我將在本書第四章的第三小結〈重回混亂，看見邊界〉中梳理報導人混作田的種植邏輯，並回應混亂隱喻背後的價值。

過去近三百年來，後工業革命與資本主義社會強調並且放大效率、穩定、進步、與現代化等價值，而混亂和與其不可分割的中介狀態和不可定義則不太被重視，甚至被視為負面的。然而，如 Tsing 在《末日松茸》（2015:20）中所述，不穩定（precarity）是當代的現狀，我們除了必須感受之，也必須系統性解答其中扮演關鍵的角色。事實上從人類社會的政治經濟和歷史的角度來看，混亂確實不美好。女性主義學者 Judith Butler 在 *Precarious Life*（2009:25）定義 precarity：不穩定是一種政治狀態，某些群體因社會和經濟網絡的衰敗而……暴露於傷害、暴力和死亡之中。[5]然而世界卻也在這些不確定性下被建構。我的報導人的農耕地也是建構於這樣的概念上，在本書第三章的第三小節〈混亂的美學〉

---

[4] 我將 Tsing 的不穩定性（precarious）以及 Haraway 的麻煩（trouble）放在中文詞「混亂」的概念之下，並將混亂的狀態與邊界概念做出連結。然而 precarity/precarious 與 trouble 等詞彙各有其論述取徑，彼此的中文詞義是多義且歧異的。我之所以將「混亂」一詞作為不穩定與麻煩含義的擴張，一方面希望能凸顯資本主義所歌頌之秩序的反面，也希望將中介狀態不定義（undefine）的生機與多樣性放大。

[5] 原文請見附錄。

中，我除了描述田野地的各種混亂，也試圖感受並轉譯身於其中的不適感。

以上所提及的學者 Butler 和 Haraway 皆是女性主義研究者（Butler 1999, Haraway 2004）。而不管是在印尼的山林中還是在世界各地的松茸菇的場域，女性主義理論總伴隨著人類學家 Anna Tsing 的田野；他自述女性主義的訓練得以讓他看見「嵌塊的」（patchy）地景中的各種不均與行動者彼此的交易，並替它們轉譯（Tsing 2005, 2015:133、Tsing et al. 2019）。本書雖然不是女性主義研究，但是我的報導人是一位經歷戰後台灣社會、經濟與政治變遷與混亂的原住民族女性。以上三位學者[6]從女性主義的視野看見混亂的本質並從中定義混亂，而我的報導人「不穩定」的生命經驗以及其複雜的種植策略，某種程度而言，也是在詮釋與再定義他所經歷的混亂。雖身處於不同時空背景，但混亂卻使我、我的報導人以及學者們有了交集。

多物種研究中的聚合與網絡

Tsing 與 Haraway 在他們的研究中，不斷強調共生的概念。然而在多物種的世界裡，身為人的我們該如何幫不會說話的物種發聲？有可能避免陷入「人類」觀點嗎？網絡（network）、聚合體（assemblage）與關係（relationship）都是人類學家提出的描繪可

---

[6] Judith Butler（b. 1956）、Donna Haraway（b. 1944-）以及 Anna Tsing（b. 1952）皆為美國人。其中，Haraway 跟我的主要報導人（b. 1941-）年紀相仿，都生於戰爭時期。

能。1980 年代，Bruno Latour 就以細菌與實驗室的多方結盟為引，讓人們看見行動者網絡（actor-network theory）中的各種合作與代言（Latour 2016）；Tsing（2015）透過勾勒松茸菇在全世界跨文化以及跨物種的場域，講述物種如何在混亂的人類世中透過組裝與聚合的策略找到生存之道；Eduardo Kohn 也在 *How Forests Think*（2013）一民族誌中勾勒出亞馬遜森林與厄瓜多爾 Ruma 族人那超越人類視角的靈性世界，他指出如果要真正理解森林如何思考，或者是說如果要真正理解容納著萬物生命的世界，就必須先找出連結著跨物種生命的共享符號。在看見並且仔細描繪多物種的關係後，人類學家的文字描繪的是物種之間互動的模式與原則，而且這些模式是隨時可能變動或被破壞的。

物種的世界之所以混亂且複雜，就是因為多物種之間的相互合作與網絡關係並非穩定或不變。也因如此，我們應當盡可能描繪出地圖，而非給予航行路線（Deleuze et al. 1988），唯有盡可能理解混亂的運作規則，才有可能在混亂中做出應對。如此的思考開啟我建構樹豆世界的工作：本書第二章先從歷史出發，探索樹豆這個物在人類世界的過去與現在，以及人類想要賦予它什麼樣的未來；在第三章進入樹豆地景的感官世界，在混亂地景中，耕作者的感受為何？世界建構的最後是文化，在第四章中對樹豆地景中的文化性進行討論。

上述這些出色的民族誌從人與非人的關係中提出另一種人類社會範式的可能；透過研究全球化下的人與非人，人類學家發現

在以人爲主體的世界中，人類掌握了最佳發聲權，「文明與進步」成爲所有成功的合作與結盟的代言人（Latour 2016），混亂、失序、髒亂、邊陲的反而是被排斥並且該被終結的。然而，在物種爲主體的世界反映出另一種世界範式。在這裏，暗處中的混亂與失序造就了人類社會上被聚焦的穩定與秩序。在這裏，資本世界的個人主義、進步與競爭，對現代性的追求與對於科學的迷戀，都顯得不太合理。在人與物平等共構的空間裡，共生相存的各個物種（包括人類）透過關係與連結得以生存於這個變化多端的、混亂與秩序共存的、崩解又創生的世界。

　　本研究試圖講述的故事就是這個範式下的一種可能。透過樹豆，我走進了混亂、繁雜並且隨處可見垃圾的混作田，在追探混亂地景的過程中我看見了人與環境的互動，以及地景間的各種作物與彼此、與耕作者、與食用者的各方結盟。耕種者自述「怎麼種都可以」，如此直覺式的種植行爲後面是諸多有意與無意的考量，偶爾爲了經濟而種，偶爾爲了家人、朋友、部落而種……或許就是因爲想要負擔的任務太多，這些混亂因此變得可行；換句話說，不混亂的田是難以滿足各方需求的。

三、關於田野地：台坂部落與山上

研究方法

除了透過網絡與聚合關係爲多物種發聲，物種本身的生物形態也給我們許多線索。「人類時常會忘記形態（bodily form）也是表達社會性的一種方式」（Tsing 2013:32），那是因爲人的形態不像動植物，是隨時因應氣候、時間、地理環境等因素改變。我們可以透過與物種的觀察和互動了解物種在不同連結網絡中的形態，從中去理解它們的社會性。此外，農作是耕作者一輩子累積而成的身體記憶，當所有故事與知識鑲嵌於身體中，便必須透過身體去感受形態與動作。因此，我的田野研究取徑也必然是感官性的。

如果非人之生物，例如樹豆，是透過植株本身不同形態與周遭的他者互動，那麼人類主要則是透過行走與他人互動並產生社會性。Tim Ingold 和 Jo Lee Vergunst（2008）在他們的行走研究中指出：social life is walked，透過走路，人走出社會性。走路不僅讓人「移動了」，人也得以在動作中「做、思考、講話」。物理移動的行爲是極具社會性的。對於台灣原住民族群在傳統領域的建構中，行走間的身體感官在建構身體記憶的同時，也建構了身份認同與文化實踐，「用走一趟故事的方式，記憶成爲某種可能、化身爲行動」，林文玲（2013）提出追溯先人之路的行走作爲抗爭用記憶（counter-memory）的實踐樣態。感官經驗所建構出的故事，是「做」實踐也是傳承，更可以成爲一股超越身體場域的社

13

會性能量。Sarah Pink（2010）認為感官人類學（sensory anthropology）已經從 1990 年代人類學的感官研究（anthropology of the senses）的經驗取徑發展為現在「再思」人類學（'re-thought' anthropology）。簡言之，當代感官人類學是一門跨領域學科。另一方面，感官研究鑲嵌於經驗（experience）與感知（perception）上，這使得人類學的民族誌研究在本質上就是感官的研究。

　　如果將走路的動態性套入其他感官，那麼生命的生死循環、聲音與氣味的來去和強弱、空氣和光與濕度所形成色澤與亮度，都能幫助我們勾勒出多物種世界的動態關係。松茸菇獨特的腐蝕味讓絕多數初次接觸的人難以接受，但對一些日本人而言卻是帶來慰藉的香氣（Tsing 2015）；尤加利樹的清香讓南非的殖民者相信可以抑制疾病，也因此透過種植佔領地景（Flikke 2018）；又或者是巴布亞新幾內亞 Kaluli 族人透過模仿自然界中的聲音（sound）傳承生存之道（Feld 1984）；以及厄瓜多爾的 Runa 族人使用聲音判斷森林的行為，並得以在其中穿梭自如（Kohn 2013）。多物種的世界絕對是感官性的。身體感中的視覺、嗅覺、聽覺、味覺以及身體感中的舒適與勞累等，或許難以透過文字敘述，不過這提醒了我必須參與田裡的各種勞動，沈浸於各種感官之中，盡可能地將原本隱於背景的場域和地景描繪出來。

　　影像民族誌是一種回應多物種研究中呈現物種之形態與感官的方式之一。蔡晏霖、Anna Tsing、Isabelle Carbonelle 以及 Joelle Chevrier 在《福壽螺胡撇仔：臺灣蘭陽平原上的多友善耕作展演》

（2016）中，透過實驗紀錄的形式紀錄福壽螺、稻農、苦茶粕在地景中共生的樣貌。而在我的田野中，耕地裡同時生長著數十種植物，如果我對植物形態、顏色甚至是氣味沒有足夠敏感度，或許經過就只能看見一抹綠意，無法看見多物種田野與報導人的生命的混亂交織。

我欲探索鑲嵌於地景之中的文化性，使用感官人類學以及多物種民族誌之研究取徑，嘗試透過經驗（practice）與行動（movement）去理解田野中多物種的能動性，試圖在其中看見跨界合作以及共生世界背後的文化脈絡。也因此，本研究的田野雖為單一報導人所耕耘之一塊農耕田，但也唯有透過與報導人貼近生活並共同勞動才得以建構出各種感官向度；而透過感官性的研究方法，我更得以在看似單一的田野中理解非人物種的世界。

田野與報導人

在尋找田野地點的過程中，身邊的人給予我許多建議。海岸線阿美族長輩說他們雖然會吃樹豆，但現在已經很少吃了，表示要找樹豆的話，排灣族的人吃得比較多。延平鄉務農的布農族大哥與我分享如果要找最傳統的樹豆，要往河的上游去搜尋。在某次偶然的情況下認識一位大武鄉工作地部落的排灣族人，他和我說自己的親戚有種樹豆，歡迎我去看看。那天我於約定時間前到達位在大竹溪出海口南邊的工作地部落，還有許多時間可以在附近逛逛。突然想起布農大哥說「往上游去搜尋」這句話，我便一

15

路沿著大竹溪上游前進。這些線索都指引我到台坂聚落下的這塊混作田。

　　我的最密集的田野工作期間是從 2019 年 12 月至 2020 年的 2 月，透過與主要報導人一起耕作、生活的參與式觀察方式進行田野調查。雖然這是一個樹豆物種的民族誌，本需對樹豆本身具有完整的生物性認知，但從人類學的角度探究，多物種的社會性才是本研究的最核心。在思索田野的可行性時，我優先考慮的是種植樹豆的田地地景與種植者的互動關係，希望能描繪出物種與種植者多面向且複雜的樣貌。

　　由於植物與地景是自然的，會隨著生長時節有所改變。樹豆是生長時序長且屬粗放種植的作物，所以我將主要的田野工作時間安排於種植者最為忙碌的採收期：冬天。採收期結束後的下一期種植與生長期，則每個月安排一到兩次的田野工作。我多半開車來回田野地，總共需要三個半小時左右的車程。因為路途較為遙遠，田野期間我偶爾會住報導人家，或是回到距離田野地約一小時的臺東大學休息。

　　我的主要報導人叫 muakai，是一位擅長種植的台坂部落排灣族女性，他所耕種的田種植了包括樹豆等數十種作物與樹種。雖然他實際上還有另外兩處耕作田區，但本研究所敘述的耕種範圍以他最為優先種植的混作田為主。透過 Google 衛星地圖的測量，這塊土地約 0.8 公頃。此田區位於達仁鄉台坂村台坂聚落的下方，曾為荖葉田並有設置灑水設施，水泥化的溪流在土地下方，是一塊有許多碎石、土質略黏的緩坡地。這裡的種植者都是台坂村的村民，不過 muakai 種植的面積佔最大。

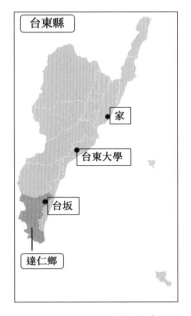

圖 1　田野距離示意
圖片來源：作者製作。
地圖來源：維基百科。

　　由於我的年紀與 muakai 的孫女差不多，而且之前他也有與下鄉服務的學生互動的經驗，所以 muakai 對於我以及我的研究動機沒有防備心。muakai 本身也是個性開朗直率的性情中人，或許因為如此，在我首次一整天與他一塊在田裡工作，幫他搬運並整理剛收成的毛地瓜後，他便將我視為孫女，會用 vuvu 稱呼我。我反而花了較多的時間和他的兒子與媳婦熟識。此外，muakai 年輕時也在西部都市工作三十餘年，所以除了我需稍微適應他講話的口音之外，我們並沒有溝通上的問題，主要使用華語和台語交談。

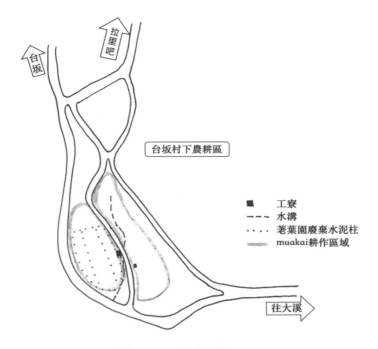

圖2　台坂村農耕區

圖片來源：作者製作。

　　muakai 出生於 1941 年，生命可被分為四個時期：居住於大狗舊部落的幼年時期（1941-1953 年）、十三歲起搬遷至台坂村的少女時期（1953-1961 年）、二十歲起搬離部落至西部都市生活的婦女時期（1961-1996 年）以及丈夫過世後回到部落生活的晚年時期（1997 年至今）（見表 1）。這樣的生命軌跡是具參考性的。幼年時期他是第一批受到中華民國政府國語教育的排灣族人，也仍有居住於大狗舊部落的記憶。舊部落的社會習慣雖然已受日殖民者所影響而大大改變，例如取消室內葬與五年祭等傳統慣習，但當時仍是一獨立運作之部落，有屬於頭目家族的祭壇與儀式空間

18

（譚昌國 1992）。排灣族傳統的種植方式為山田燒墾之游耕，通常習慣種植於向陽之斜坡地。《排灣族之植物利用》整理過去排灣族的農耕：

> 開墾山田，首先砍去林地上之樹木，待其乾燥後，連同草木，集中焚燒成灰，作為初始基肥。若墾地較為陡峭，沿水平階段堆積木石成階，以防土石流失。耕作不使役牛馬，亦無施用肥料；幾經播種收穫後，當地力耗竭時，則任其荒蕪，經數年地力逐漸恢復，再行墾作。由於山田陡峭，開墾面積經常不大；加上經濟結構，生產主要是為供應自家日常需求，而非以販售營利為目的，故同一耕地常混作數種作物。（魯丁慧等 2011）

上述的農耕狀態與 muakai 所述過去的耕作方式幾乎是一致的。根據 muakai 的記憶，舊部落的生活物質非常簡單，自給自足。飲食中主要的食物包括芋頭、山藥、甘藷、小米、蕎麥、高粱、旱稻、藜與多種豆類、花生以及玉米。族人花大多的時間農耕，漁獵行為比較少。排灣族人也食用多種野菜，但不特別種植其他葉菜。在大狗部落時期與外界的金錢交易較少，「就算有錢也沒有地方花」，muakai 這麼說。

中華民國政府於 1950 年實施「山地三大運動」，其中生活改進運動要求原住民族各面向的生活風格漢化，定耕農業辦法以及造林實施辦法更完全改變了原本游耕的農耕方式（顏愛靜、楊國柱 2004）。達仁鄉方面，1950 年到 1970 年代從外地引進瓊麻和

19

香茅草等經濟作物，在地居民大量種植而改變農業生產結構（周選妹 2010）。這符合 1953 年 tjuaqau 部落搬遷下山至台坂村後，族人所經歷的經驗。山下的氣候更為溫暖，與外地聯繫往來更為方便，除了開始種植經濟作物如瓊麻和樹薯，族人們也種植更多漢人們喜愛的花生。少女時期的 muakai 也積極累積資本[7]，除了額外種植花生，他也曾在大溪村漢人經營的雜貨鋪工作。

1970 年台灣經濟快速發展，族人皆到外地從事勞力工作賺取金錢；台坂村人口自 1968 年人口開始下降，在 1980 年代人口外移的情況最為嚴重（周選妹 2010:127）。muakai 結婚後也因經濟因素，在 1962 年跟隨先生移居至台南，而後三十餘年在西部多從事工時長、較低工資的勞動工作，符合這個時期部落人口大量外移，勞動結構重工輕農的現象。90 年代的台坂村仍有農耕行為，主要以檳榔、梅、李、釋迦占多數[8]，部落傳統種植也尚存在（譚昌國 1992:37）。muakai 也在此時期搬回到台坂村，一方面重回務農工作，一方面也在自己的土地上造林。

台坂族人黃新德（2012）述，現今台坂村的農產業凋零，隨著農業單位推廣輔導政策，族人雖種植生薑以及小米、紅藜、樹豆等原住民新興作物，但因市場不穩定導致作物時常難以行銷。現年八十歲的 muakai 則觀察，現在部落內仍種植傳統作物的人包括自己僅剩兩名、三名，青年多外出工作，戶籍數雖沒有太大的變動，但人口仍因部落年老化逐年減少。

---

[7] 見第四章第一、二節。
[8] 今台坂村的經濟果樹以釋迦為主（黃新德 2012）。

　　戰後台灣政治經濟的資本主義化使得位於台東山區的部落社會成為經濟發展的邊陲地帶，而台坂部落的平民女子 muakai 十三歲從國民學校畢業後，成為資本經濟中的勞動者。在生命裡的大部分時間裡，他都在為了賺取金錢而做工。在所有的勞務經驗中，農耕可以說是最為特殊的。年幼時跟隨家人種植、自給自足，青年時期為了賺錢而種，而現今已是老人的 muakai 說自己是為了興趣而耕作。透過爬梳 muakai 長達八十年的生命故事，我得以貼近大時代變遷下有著與 muakai 相似生命經驗之東排灣族人，也透過 muakai 的情感與身體感，更立體地理解一塊農地上所承載的歷史變遷。

表 1 muakai 生命與事件表

年份	muakai 年齡	muakai 生命事件	世界/台灣事件
1941	0 歲	出生於 tjuaqau 大狗部落	太平洋戰爭
1944	3 歲	母親過世	
1945	4 歲	父親再婚	二戰結束，台灣政權轉移
1947	6 歲	於台坂國民學校就讀	日人撤台
1949	8 歲	姑姑婚後搬出	中華民國政府推「山地三大運動」
1954	13 歲	部落遷村搬至台坂村。muakai 開始務農的工作	
1961	20 歲	結婚生子，搬到台南	台灣經濟工業化
1996	55 歲	先生往生，一年後搬回台坂	
2006	65 歲	台坂部落 maljaljaves 家族進行中斷 90 年的五年祭。	2005 年「原基法」通過
2013	72 歲	開始耕作部落下方的舊檳榔園田地	
2021	80 歲	仍持續耕作	

資料來源：作者製作。

排灣族

即便因爲一連串的偶然讓我來到南迴線上的排灣族聚落。深入田野後，我才了解這裡具有複雜的排灣族群歷史，不同部落之間以及部落內部頭目家族間的互動，展現了在地排灣族群的文化和變遷。雖早期就有日本人接觸此區域的排灣族人，但以 tjuaqau（大狗）部落爲例，是直到中華民國政府來台後，社會文化才有較大的改變（周選妹 2010）。也因此，在舊部落自給自足的生活，成爲了現今八旬的 muakai 最早的記憶。

圖 3　台坂排灣族人活動區域

圖片來源：作者製作，地圖取自經濟部水利署水利地理資訊服務平台。

　　台東縣達仁鄉北端的台坂村位於拉里吧溪與台坂溪的交界處，現今人口約七百多人，是一個排灣族聚落。此聚落共分爲兩個部分：分別是以拉里吧溪東畔，以 laleba（拉里吧）部落爲主的拉里吧聚落，以及拉里吧溪西畔由 tjuaqau（大狗）、tjuavanaq（嘉發那）以及 tjumanges（佳滿阿恩）三個部落所組成的台坂聚落。雖然現今四個部落座落相近，但各個部落皆有獨立的遷徙史與頭目中心。本研究以台坂聚落台地下的耕作地爲主要田野地。

　　過去數百年來，台坂聚落的各個部落因不同原因在大竹溪流域與金崙溪流域的山腹地區遷徙。排灣族聚落的挑選必須背山面谷，「地形最好易守難攻，並需有相當高度、通風良好以減輕疾病威脅」（蔣斌、李靜怡 1995:179）。直到日治時期才因外界力量影響被搬遷於淺山區域。最後於 1956 年因中華民國政府實施原住民漢化之「生活改進運動」，各部落才搬遷至現今台坂村址（譚昌國 1992、2007；曾振明 1991）。

　　muakai 來自 tjuaqau 部落，爲 maljaljaves 頭目家族的族人。根據學者研究與族人記載，maljaljaves 家族的遷徙可追溯近四百年前，其家族的祖先從現 pulci（現屏東縣泰武本地部落）的本家分家後，從大武山南遷再東遷至金崙溪北岸形成 tjuaqau 部落，而後的幾次遷徙，包括於 1730 年前後於 kaumaqan 與 kaingau 頭目家族合併，都是在金崙溪流域。直至 1938 年，日人爲了分散金崙溪流域排灣族勢力而強制將 tjuaqau 部落從金崙溪南畔的 tjubeniyalai 搬遷至大

竹溪流域之大狗社[9]，而後至台坂村。也因此雖 tjuaqau 現今為大竹溪流域之部落，但不僅語言上與金崙溪流域相似（而非近於現今大竹溪流域部落），族人也與金崙的遠親仍有聯繫。

　　排灣族人以「家」為基本。蔣斌及李靜怡在《北部排灣族家屋的空間結構與意義》（1995）中解釋 umaq（家）與 vusam（種粟）概念居於排灣文化之樞紐地位。umaq 是「家」與「家屋」之意。家的延續仰賴長嗣繼承制度，此制度不分男女，當一對夫妻的第一個小孩一出生，他便繼承了該家族的家名、家屋，後續的孩子在婚後則需搬離「分家」。如果有遇到特殊家庭型態違反長嗣繼承法則，那麼族人們最為關心的規範就是必須確保家名的延續與家屋的維護，家屋成為空屋日後荒廢，是族人須盡全力避免的情況（蔣斌 1984:9）。[10]長嗣稱為 vusam。vusam 另一意義為小米收穫後最好的一束留作「種粟」，一個家中老大成婚後雖繼承父母所建的家屋，但也有義務協助弟妹建造他們的家屋，也因此小米的播種與繁殖相關之詞彙「都表達出一個家在成立之後，本身的延續、分家的擴散、以及原家與分家之間的聯繫等理念」（同上引）。

　　排灣族部落結構也能用 umaq 與 vusam 的概念理解。頭目為部落的「老大」，其權利為擁有部落範圍內的所有土地及獵場，

---

[9] muakai 的父親生於 tjubeniyalai，他稱呼 tjubeniyalai 為老部落、tjuaqau 大狗社為舊部落。

[10] muakai 父親在第一個妻子過世後，將家屋留給長女和未婚的妹妹，自己入贅到同樣身為長嗣的第二任妻子的家，就符合這樣的狀況。

並有照顧族人之義務。譚昌國（1992）於台坂部落的研究指出，部落族人每年收穫祭必須將一部分作物繳交給頭目，徵收物叫 saja，徵收的比例以 1/10 至 1/100 間。在收穫祭後，頭目家會將 saja 的小米做成酒和小米糕，剩餘的則分送給部落內的老弱婦孺和專門養抓鼠貓的家（同上引:183）。除此之外，部落內族人凡有生子、結婚與祭儀時，頭目也有義務贈送賀禮。也因此，頭目所收到餽贈與稅金實際上會透過各種程度的再分配給族人（蔣斌 1984）。關於排灣族親屬關係，在本書的第四章，我將透過兩種食物：家屋內共食的 pinuljacengan 和家與家之間彼此分享的 cinavu 探討排灣族的社會與規範。

透過人與植物互動的關係，我們得以了解排灣族人的人觀與家的規範。由於排灣族文化中 vusam 概念位於核心，一般來說都是從小米的角度去詮釋與理解排灣族研究。然而，本研究認為樹豆也是好思考的。作為族人食物地景中的邊陲，樹豆與其他邊界作物和其他行動者的互動關係，讓我們更好理解食物之於排灣族人文化權的重要性。總結來說，為了能更全貌地理解食物與排灣族的關係，我在探究 muakai 的生命以及他所耕作的土地時，也特別注意那些在過去不大被學者們注意的其他作物，以此掌握排灣族的飲食系統如何成為當代文化實踐的場域。

四、研究框架、貢獻與限制

　　這本多物種民族誌以樹豆（*Cajanus cajan*）為引，探討人類世下一位排灣族 vuvu 的農地——一塊乍看之下混亂且無規則的混作田，它作為在地食物生產系統之典範的多物種共生之道。本研究從「樹豆」以及「排灣族 vuvu」兩個方向切入，前者透過物種的生物特性與生長形態去掌握多物種研究的身體感，後者則從排灣族文化以及主權的脈絡去理解生物地景（living landscape）中所鑲嵌的文化性。vuvu 的生命經驗之所以具參考價值，不僅是因為農耕行為在他長達八十年的人生中佔有很大部分，也因他作為一位非貴族之排灣族女性農人、一位資本主義中勞動者的生命經驗在台灣原住民族文化變遷脈絡中，是具代表性的。不管從物還是人的角度探討混亂與共生，在這樣的世界裡，邊界的概念貫穿於本書，是最為核心的概念。

　　在研究結構的安排上分為三個部分：緒論、多物種世界的架構以及結論。多物種世界的架構先從基礎知識出發，〈第二章：曖昧的樹豆史〉闡述樹豆在人類社會的定位，其中包含該物種特性，在台灣的歷史脈絡與飲食習慣，以及當代現狀。〈第三章：混亂的美好生活〉則進入樹豆之多物種世界中的空間，透過身體感官與物種形態的視野去嘗試理解在混亂的耕地背後，地景、物種與人如何看似共處於衝突之中但實際卻是舒適的；而我從外界突兀地進入地景，又是如何調整自己的感官認知，從中看見美學？多物種世界建構的最後一個部分探討的則是這個世界的文化，

〈第四章：食物與家、主權和邊界〉透過排灣族食物的民族誌去探討排灣族「家」的文化規範以及排灣族文化主權是如何鑲嵌於地景之中。

　　可以說這本書旨在描繪世界，在梳理多物種世界的過程中，先從物種進入地景，再從地景看見文化，希望透過這樣的方式結構化「物種共生」這個抽象的概念。在〈結論：樹豆知道〉中，我將自己對於樹豆的熱情以及在田野的過程中與 vuvu 建立親密的情感關係做結合。就如同人類以物為引定義世界，視角轉換後，樹豆也同樣可以用來隱喻人。期待樹豆的隱喻不僅能為多物種民族誌提供排灣族的範例，也能為對韌性未來抱有希望的人們繪出共生的可能。

　　台灣原住民族社會在資本主義現代化的歷程中歷經了許多改變和衝擊。對此，人類學者透過作物與宗教的觀點探討農業變遷中所遇到的衝突，這些討論都以人為核心，探討宗教在資本主義下如何扮演資金與人力的調度典範。例如陳茂泰（1973）探討賽德克族人不同儀式團體如何在果園產業中顯示出影響力；黃應貴（1983）於東埔社布農族的研究，從布農族人 hanido 信仰與人觀理解與再造新作物番茄與茶於部落社會中的意義。此外，也有不少研究以原住民族的傳統農耕制度為主體，例如巴清雄（2018）以霧台部落魯凱族的傳統農耕系統發展脈絡為主，調查在地混作系統以及地方食物體系。然而，鮮少有研究從物種的角度出發，去探究與物種共生之部落以及食物系統的社會性。

　　此外，排灣族有嚴格的社會階級制度以及長嗣傳襲的文化，使大多民族誌研究圍繞在頭目家族或以長嗣制度為核心研究主旨，又或者著重於排灣族人的物質工藝文化、傳統祭儀之研究和族群文化的復振等（e.g.蔣斌 1999；譚昌國 2002），鮮少有研究以平民階級之生命經歷以及觀點為主體。本研究試圖以一位排灣族平民女性的生命史為基礎，透過紀錄平民百姓的家族史觀，試圖刻劃出排灣族研究中較為缺少的社會觀點。

　　而在台灣的多物種民族誌研究中，蔡晏霖（2016）於宜蘭平原的友善稻農社群與福壽螺的共生關係最具代表；呂欣怡（2018）透過後勁社區裡盆栽技藝的書寫，描繪出後工業污染地上人與植物的共生網絡。我希望能透過樹豆的視野，刻劃出當代排灣族混作田的社會性，為台灣的原住民族在地農耕系統以及多物種民族誌書寫提供多一面向的討論。最後，受到 Ingold（2008）感官性理論的啟發，我的田野研究實際踩踏泥土之間，跟隨著作物週期工作，在過程中塵土與微生物透過挑、採、播、砍、拔、摘、燒等動作卡於我的指縫與皮膚細紋之中，難以洗去。在那個當下我感受自己與環境的共生，同時也成為混亂中的一部分，我期許自己字裡行間的身體感能帶給讀者超越文字的感受。

　　本研究原本從樹豆植株的問題意識出發，進而轉向看見植株、種植者和地景間錯綜複雜的關係，而後透過理論的爬梳勾勒出更為清晰的研究脈絡。事實上，樹豆不僅是台灣原住民族所吃的食物，也是許多飲食文化中重要的食物之一。此外，樹豆更存在於

耕種地以外的地景中，例如商場、餐廳以及實驗室中。由於受到研究規模的限制，無法在這本書中深刻探索上述樹豆的場域。而雖然本研究是以樹豆、主要報導人 muakai 的生命史這兩者互動的共生場域為中心，但是實質上，任何植物、種植者以及他們所共處的場域都是我所關心且具有熱情的研究主題。我期許在未來，仍有機會繼續在各種場域中看見更多物種合作的型態與範式，為共生的未來帶來更多的可能。

樹豆和毛地瓜，2021.09.16

第二章　曖昧的樹豆史

第二章　曖昧的樹豆史

　　近年來，台灣的社會熱衷論述「食物」。食物這個每一個人都必須仰賴維生的基本生存物質，以各種形式出現在社會上各個範疇與領域。不管是從政府的糧食政策到民間對於食物安全的關心，當代的食物不再只是個人用於果腹或者滿足心靈需求的補給品，更是實務上具有社會意義之物。

　　You are what you eat，人如其食。人們對於食物的好奇心超越了食物本身的味道與飲食的體驗，大家開始好奇食物從何而來，食物是如何被製造，食物的各種面向之於環境、之於社會、之於自己又有什麼意義等議題。從 1985 年出版的《甜與權力》到二十年後的《雜食者的兩難》，人文科學的研究者們從歷史、社會文化與政治經濟的角度探討食物與人的關係，並且試圖讓更多人了解食物這個既美味又複雜的東西（Mintz 2020；Pollan 2012）。

　　受到前人作品的啟發，本章節試圖描繪樹豆之於人類社會的定位。首先，我先從樹豆的物種型態出發，從農業科學家的角度理解樹豆的生物性，並探討何為樹豆科學研究的侷限與曖昧態度。再從台灣的歷史脈絡出發，探究樹豆在台灣如何從地域性的食材轉變成健康飲食、糧食議題以及原住民文化的代言人。然而，樹豆成為新興商品的代言後，作為商品作物的發展歷程卻不如預期。從人的角度看樹豆，我們會發現樹豆這個本質上具多樣性的物種，在人類社會中呈現出各種曖昧並尷尬的狀態。與此同時，這樣的

狀態將和第四章所呈現的多物種共生的樹豆世界形成強烈的對比。本章節與其作為樹豆之物種史，更可被視為本書問題意識之延伸。

一、樹豆的物種研究

樹豆（*Cajanus cajan*），也稱木豆，俗名番仔豆，植株顧名思義長得像樹，是二到三年生的豆科灌木。全株可以長至兩公尺高，樹形為寬展開形，枝葉茂密繁盛，枝幹在生長期半年時開始木質化，秋冬時節開花結果。葉與豆莢外皆有絨毛，豆莢形類似較長條的毛豆，每莢有 3、5 或 7 顆種子。樹豆為全球主要的食用豆類之一，不過除了食用，也有地區將樹豆作為綠肥，或者使用枝葉餵牧，用途多樣。

樹豆品種源自印度，在東亞與非洲早在四千年前就發現樹豆的種植痕跡（van der Maesen et al. 1981）。除了最大生產國印度、孟買、中國與尼泊爾之外，烏干達、肯亞、西印度群島、波多黎哥、多明尼克共和國、以及緬甸也都生產樹豆。此外，因其對於不同氣候與土質的高度適應性，樹豆在全世界包括澳洲以及夏威夷等五十個國家與地區都受到高度的關注（Sharma et al. 1981；行政院農業委員會臺東區農業改良場 2017）。

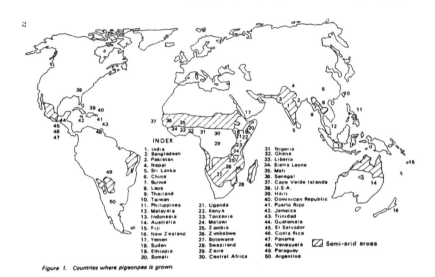

Figure 1. Countries where pigeonpea is grown.

圖 4 樹豆世界分布地圖（Sharma et al. 1981）

圖片來源：International Adaptation of Pigeonpeas in Proceedings of the International Workshop on Pigeonpeas Volume 1. Vrinda Kumbles, eds.

　　雖然樹豆研究在台灣並不是很多，但也有逐漸增長的趨勢。從 2004 年到 2020 年間以樹豆為題目的碩博士論文共有十數篇[11]，其中較近期的八篇發表於 2016 至 2020 年。這八篇論文都是生物科技與食品科學之研究：三篇是關於樹豆產品，分別為發酵樹豆抹醬（張浩然 2020）、樹豆漿（倪彥綉 2018）以及樹豆蕎麥醬油（林展皓 2017）；三篇討論樹豆植株的醫療潛力，抗發炎效果（武氏翠蘭 2020）、樹豆活性對子宮收縮之影響（蘇琬婷 2017）以及降血糖之能力（林鴈峯 2016）；以及生物科技與食品科學相關研究（許育甄 2017、林筑盈 2016、林筱晴 2016）。

---

[11] 根據〈臺灣碩博士論文網〉使用樹豆作為關鍵字搜索查詢之結果。

　　政府農業部門也針對樹豆的生長特性、營養價值、農業病蟲害等技術性層面發表相關研究報告，例如早在 1993 年，桃園農會注意到當時全台樹豆栽種面積小產量雖少，市場價格甚好，所以鼓勵山坡地區種植樹豆，也陸續對樹豆的營養和多重用途之價值加以肯定，並提倡樹豆和玉米間作以利提高產量（黃炳文 1996、姜金龍 1993）。近十年，農業研究單位則針對台灣的氣候、高生產和高抗氧化力培育出農作品種（陳振義 2012），也試圖從樹豆的營養價值與其保健效益作為推廣焦點（高馥君 2017）。

樹豆的生物特性

　　早在 1970 至 80 年代，國際上許多科學家開始投入樹豆物種的農業研究。二次大戰後的西方大國以及跨國財團大量投資於第三世界國家的發展與建設，綠色革命促使在地農業糧食系統的工業化與全球化。此時，生長於全世界乾旱／半乾旱的亞熱帶與熱帶區域的樹豆以及其他雜糧作物被作為解決貧窮國家飢荒的救星，因此受到了各國科學家的關注。[12]在 1980 年的十二月，由美國福特基金會以及洛克菲勒基金會所招集成立的國際半乾旱熱帶區域農糧研究組織（International Crops Research Institute for the Semi-Arid Tropics，簡稱 ICRISAT）舉辦了為期五天的「國際樹豆研討會」（International Workshop on Pigeonpeas），來自十七個國家共

---

[12] 1970 年代的食物安全（food security）與當代食物主權（food sovereignty）並非同一論述。1975 年聯合國定義食物安全為：”the availability at all times of adequate world food supplies of basic foodstuffs to sustain a steady expansion of food consumption and to offset fluctuation in production and prices” (Patel 2009).

220 位科學家和政策研究人員針對「樹豆」進行了全方面的跨領域討論。在會議的開場致詞中，國家計畫委員會委員 M.S. Swaminathan 指出樹豆產量對於印度國家發展的重要性：

> 我們需要更密集地透過跨科學、跨區域的合作，一起克服豆類與雜糧在產量提升上所遇到的困難。此次研討會的成果將會對〔印度〕的第六期的五年國家計畫（Sixth Plan period）具有極大的價值。豆類食物一直都在我們的農耕系統中佔有重要的地位，它是人們重要的食物來源，也幫助土壤重建肥力。（Swaminathan 1981）

1980 年代的科學家們積極研究樹豆的生物性，期望透過科學技術提高其生產量，並探討除了樹豆作爲糧食之外的經濟功能。該會議總共收集了上百篇樹豆研究論文，其中根據種植模式、環境適應性、昆蟲學、病理學與雜草管理、生理學與微生物學、營養學、土壤學與水、社會運用性等作爲研究分類。會議論文集中大量且多樣的研究樣本中，我選擇使用特定關鍵字如：種植系統（cropping system）、生產系統（production system）、應用（utility）、問題（problem）、飲食（food/diet）、傳統（tradition）、韌性（resiliency）、敏感（sensitivity）來爬梳這些科學家如何理解樹豆的各種面向。在這個過程中，我整理出樹豆三個不可忽略的生物特性：間作系統（intercropping system）、邊界性（edge and marginality）、以及共生性固氮作用（symbiotic nitrogen fixation）；值得注意的是，其中有些特性也呼應了近年台灣農業單位對樹豆培育之立場。以下依序討論：

1.　間作系統（intercropping system）

　　傳統上，樹豆生長於間（混）作系統。毫無疑問的，長久以來不管在印度或是台灣，樹豆的種植方式並不是單一（monocropping）種植系統，而是採用多物種在同一塊田區的間作或者混種（intercropping）種植系統：

> 在 1975-1980 年間橫跨印度共十三州、超過 1000 個樹豆田的調查統計中顯示超過八成的樹豆是使用混種的方式種植，而且在這之中僅有少量甚至是完全無農資材的購買（purchased agricultural inputs）。儘管整體來說樹豆遭受嚴重的蟲害，但只有少於 5%的樹豆田有使用農藥防治。（Reed et al. 1981:99）[13]

　　在樹豆爲重要主食的國家與地區，樹豆主要間作植物可以分成三大群組：1. 穀類（高粱、玉米、小米、稻米等）；2. 其他豆類（花生、豇豆、紅豆等）；3. 生長季節較長的一年生植物（蓖麻、棉花與樹薯）（Willey et al. 1981）。在印度，樹豆田中常見的間作夥伴植物包括高粱，花生、蓖麻、棉花以及芝麻。在非洲，玉米、高粱、豇豆與樹薯則是常見的樹豆間作作物。而在當代台灣東部地區，雖然能看見不少單一種植的樹豆田區，但在本研究期間，台東南迴線上的金峰鄉排灣族聚落，也找得到樹豆與玉米、

---

[13] 本章節所引用之「國際樹豆研討會」論文集皆爲作者翻譯，原文請參考附錄。

芋頭和甘藷一起間作的耕地，也有樹豆與同樣生長季節較長的洛神花種在同一田區。再往南一些來到達仁鄉台坂部落的山腳下，樹豆與檳榔、椰子、甘藷、紫地瓜葉、洛神葵、南瓜、多種樹苗等，更是全部混亂地種植於用石頭疊出來的梯田地景中。事實上樹豆本身作為豆科植物的獨特共生性固氮系統，也利於共作植物的生長。此外，較長的生長期與植株型態也為不同季節的田區帶來更為豐富的地形層次。[14]

2. 邊界性（edge and marginality）

在描述樹豆植株的文字中，或許最突出的敘述就是樹豆具高度環境適應性（marginal condition）。由於植株本身非常耐旱與耐瘠，樹豆並沒有嚴格的種植限制，經常被種於任何人所經過的所在，甚至多是屬於邊陲性的場域中，例如被粗放在家戶周遭與田埂邊，也被作為防風林。我在台灣東部尋找樹豆的過程，就在各式各樣特別的場域看見樹豆，例如非常陡峭的斜坡地上、部落立牌水泥地旁、雜草叢生的荒廢農地裡以及廢墟房子前的空地。樹豆所展現的邊陲性、到處可見的樣態就如同行動者網絡理論裡行動者本身的邊陲性也代表自身具備更多的彈性與空間；例如生態廊道（wildlife corridor）為工業與野生地景兩者之間提供了緩衝的空間，邊界性也創造了多重連結與協商的可能性（Latour 2016）。另外，邊界時常是極為脆弱但又是最多元的場域，潟湖與濕地便

---

[14] 關於間作系統所帶來的地景層次，將在第三章有更細節的討論。

是自然界中最好的例子：他們的生態既是最容易受變動，但也因為極為特殊的中介性，也能提供多元物種棲息的空間。

3.　共生性固氮作用（symbiotic nitrogen fixation）

　　共生性固氮作用是土壤生態學中，形容植物透過微生物和菌的共生關係將氮存放於土壤中，使土壤更加肥沃的現象。「豆類有固氮的能力」是科學事實，也是耕作者在種植時實際操作的邏輯根據，例如休耕時期種植豆類綠肥，以利增加土壤的氮。氮素是植物生長中重要的元素之一，但是植物並沒有能力直接攝取空氣中的氮氣。就此而言，豆科植物就幸運得多，它們得以和土壤中一些特定的微生物結盟，透過共生互助的關係攝取微生物所帶來的養分。根瘤菌（rhizobium）就是這樣的微生物，它吃氮氣維生，並且將氮氣轉化為氮素。當根瘤菌在土壤中巧遇了樹豆根系表面時，會開始利用細菌感染根系，才逐漸和植株共同形成根瘤（就是那些將樹豆連根拔起時，黏在根系上橘色球狀的物，見下圖 5）。這樣的關係發揮了固定氮氣的能力，成功讓植株本身吸收氮肥（Allen and Allen 1981: xix）。樹豆植株的固氮能力會在它開花至結果期達到最高峰，也因此，最佳掩施（incorporation）的時間是在樹豆枝幹木化之前，也是開花之際（Whiteman and Norton 1981:365）。根瘤菌與樹豆的共生關係，類似於 Anna Tsing（2016）所描繪的真菌中的菌根關係，松樹因菌根真菌得以成長，就像土壤因為樹豆與微生物的結盟得以肥沃，樹豆也因此被視為優良的間作夥伴植物。因為根瘤菌，樹豆的網絡得以擴張。

生物固氮作用

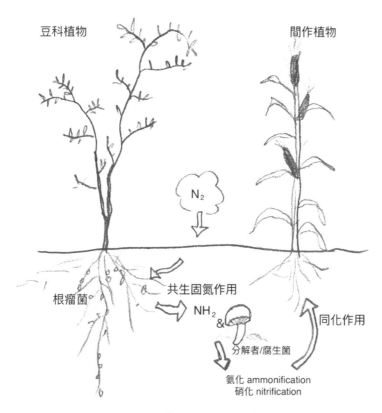

圖 5　生物型共生固氮作用
圖片來源：作者製作。

不穩定的樹豆

從上述的三種樹豆的生物特性可以發現，樹豆物種與生俱來的共生性固氮作用以及邊陲適應性都符合其常見的間作農耕系統，能與多種作物一起生長，並有利於生長在多樣形態的環境。不過

有趣的是，在 ICRISAT 各方農業科學家們的樹豆研究與討論中，
卻能明顯看到一個一致的立場，那就是這樣的樹豆生物特性使其
在各個方面表現都極其不穩定，是一低效益並且不具市場競爭力
的作物：

> 傳統種植系統有可能是當前樹豆產量低迷的原因，採收
> 時植物數量減少、葉片枯萎與嵌紋率高、成長期間不穩
> 定的氣候條件以及嚴重的豆莢螟蟲害……是否有可能透過
> 管理方式提升樹豆的生長表現？作物的競爭率是否有可
> 能提升？（Roy Sharma 1981: 26）

> 在培育豆類食物時，最優先必須被考量的元素為其生產
> 效率、適應性、以及產量穩定性的提升，再來是其營養
> 價值的精緻化與消費者接受度。就算是最高產量的豆類
> 品種仍然趕不及大多數穀類的產量。Borlaug（1972）適
> 當地用「緩慢的起跑者」（slow runners）來形容豆科食
> 物。缺少了過去人為基因篩選的動作，再加上物理特性
> 先天上的不足與管理方法上的限制，都被認為是造成豆
> 類食物低生產力的原因。（Pankaja 1981:393）

有趣的是，與上述論點相反的文獻指出樹豆有相對傑出的產
量，例如 Krauss（1927）在夏威夷所做的紀錄指出光是單株樹豆，
一年就能從 1,430 個豆莢中產出 6,460 顆種子（Allen and Allen
1981:124）。每當開花結莢季節到來，樹豆植株確實不費力地就能
生長出茂密的豆莢，然而樹豆果實卻也會因為各種氣候的不穩定

而容易受蟲害。另外，樹豆為期數個月的花期對於勞動者來說也不易安排具有經濟效益的收成工期。因此雖然樹豆屬於高產量之豆科作物，但從商業生產的角度來說，蟲害的問題不僅影響有效產量，生產期的難以統一化也透露了樹豆在農作產業化與規模化過程中遇到的阻礙。

除此之外，從糧食發展（food development）脈絡研究樹豆的科學家們也透露著各種對於樹豆物種的不安。首先樹豆於邊界或邊陲環境的高度適應性，以及其可與其他多樣作物間做的生長特性，是被視為具有問題的：

> 樹豆複雜的種植系統、傳統種植的低資材投入、邊陲性（marginal condition）與人們對於植株缺乏科學性理解，都是研究樹豆時遇到的難題。

> 傳統種植系統必然應該被尊重，但為了提高該系統的效率，必須積極研究更有效率的系統。最近的證據清楚地顯示，透過更進步的管理方式，樹豆確實有提高種子產量的潛力。育種過程不僅應該開發該潛力，也必須重視樹豆在邊陲條件中仍具高度適應力之特性。（Byth et al. 1981:454）

上述文字中，科學家認為樹豆傳統的種植系統是複雜並且難以用科學理解的。換句話說，科學家在試圖研究並馴化樹豆物種的過程中，因為其複雜且邊陲的生物特性所以遇到了一些困難，

而且這些困難又因傳統種植者的「拒絕科學化」加劇。此外，在討論樹豆共生性固氮作用時，研究員這樣直白地紀錄：

> 樹豆生產中一個重要的面向是該作物和氮氣所形成的共生系統（symbiotic system）。對於微生物學家而言，它會是一個令人頭疼的作物，因為其根系深達數米，因此對於調查植株的根結瘤完整性來講極為不利。普遍而言，此作物的根瘤組織的狀態並不佳。（Rewari 1981:238）

樹豆屬多年生之灌木型樹種，和其他一年生並且以禾本科為主的主要雜糧作物相比，根系系統更深導致難以完整地被研究，其生物特性更是充滿各種變異性，對這些農業科學家而言，著實造成了研究慣性的挑戰與限制。

透過爬梳樹豆的農業科學研究，我們可以發現雖然科學家肯定了樹豆的生長系統多樣性、對於環境的高度適應性以及良好的生產力，但同時也將這些生物特性附上了不穩定、難以控制並且在研究上令人挫折的負面標籤。科學家們對於樹豆的態度並非客觀理性的，反之呈現的是一種極為曖昧的態度。不管是 1980 年 ICRISAT 為了糧食發展而聚集在一起的數百位各國科學家，還是同樣為了提升本國雜糧競爭力而推廣樹豆的台灣研究員，樹豆與農業科學的關係，並非純然「研究」與「馴化」的真空關係，因為與科學家對話的網絡裡，除了樹豆之外，還包括了所謂的傳統文化、飲食與市場經濟等其他行動者。

二、台灣的樹豆

雖說有樹豆是於日治時期傳入台灣的說法（行政院農業委員會 2016），但樹豆在台灣本土化的痕跡似乎更爲久遠。不管是透過語言學的視角還是書籍上的紀錄，樹豆的原住民性是毫無軒輊。「傳統的」、「古老的」是當代普遍用來形容樹豆的詞彙，和原住民族受訪者聊到樹豆也會常聽到：「這是我們原住民在吃的食物。」樹豆在台灣的歷史是什麼？在飲食文化中又扮演著什麼樣的角色？近年來，又爲什麼開始得到關注與聲量？

神話與傳說

樹豆，排灣族語爲 puk，在台灣的古老性可以透過原住民食物的起源故事探究。源自於台灣南部山脈的原住民族群中，排灣族和魯凱族都有相似的傳說，其中，有關主要糧食的起源傳說，有一類型是祖先們將重要農作物從天界或是地界偷取出來。在這樣的神話基礎下，不同部落所記錄的版本都有將樹豆與小米等重要作物並列。日治時期臺灣總督府臨時臺灣舊慣調查會所編撰之《番族慣習調查報告書》紀錄：

> vuculj 番 kulaljuc 社所傳往昔本社的主神 salamadang 以客人的身分降到地下界取得穀菜的種子，拿回來傳給地上的人。據聞他當時在鼻中藏樹豆，指甲間藏小米，頭布下藏 lenguin（豆之一種），耳朵藏 kavatjang（小豆之一

種），兩手拿著藜、芋頭及番薯的種子歸來。（同上引 2003a:125）

vuculj 番 puljti 社所傳往昔有 saljimlji、vasul 兩夫妻。saljimlji 到地下界（tjalitjuku）去作客，始得到小米、樹豆，將其帶回傳給人世間。其後他再到該地去竟沒歸來。（同上引:127）

kulaljuc 與 puljti 社為今屏東縣的泰武部落與佳興部落，也是台坂部落族人祖先起源之部落。在食物起源的傳說中可見小米與藜、根莖和豆為傳統的農作物。藏在祖先鼻裡、耳裡或指甲下的豆類的種類多元，有樹豆也有可能是花生、qalizang（豇豆），在不同部落的故事裡豆類種類會相互對調。相較於樹豆作為重要農作物之一的嚴肅性，它高大的形體與植物特性也在其他神話故事裡有更為活潑的展現，例如一則關於猴子起源的傳說，一個調皮的男孩因為「將樹豆盛於飯蔞，切開其皮把豆拿出來玩弄著」而被父母斥責，之後化為猴子後逃入山中（同上引:148）。另外根據拉夫琅斯‧卡拉雲漾《山林的智慧：排灣族 Tjaiquvuquvulj 群民族植物誌》（2013）所記錄的一則故事，神話時期的天界也有樹豆的存在：

在天界有位勇士名叫古力里力里和地界的勇士亦名叫古力里力里，某日他們兩商議說：來吧！咱們來比試跳躍能力並從月桃蓆上曝曬之樹豆籽粒上方跳過，看誰較強，天界的古力里力里說：我先來，接著開始助跑並一

　　跳躍過正日曬中的樹豆，並且絲毫沒讓曝曬中的樹豆有
　　滾動觸碰的現象，輪到地界的古力里力里時，他也跟著
　　跑跳想一躍而過，但遺憾的他卻摔坐在曝曬中之樹豆籽
　　粒之上，並發出：嘶嘎！的豆粒撒落聲。（同上引）

　　曬乾的樹豆小而圓、直徑不會大於半公分。現在的農家在收成時將結著飽滿豆莢的樹豆枝條放在塑膠帆布上，攤在家門前日曬。待豆莢曬乾時再用踩或是打的方式使豆莢裂開，最後收成籽。這樣的畫面和神話故事中不無不同。

　　賽德克族關於小矮人的傳說也很有意思。在 2001 年一賽德克族口傳故事的研究論文中，劉育玲（2001:132）紀錄了賽德克族老人所聞見的關於矮人的傳說。現居住在花蓮縣秀林鄉年紀較長的太魯閣族受訪者指出，在過去，陰險狡詐的矮人總讓族人不堪其擾，而小矮人其矮小的身材特徵，經常攀爬在樹豆上也不會將植株折斷。矮人的賽德克語為 snsinguc，樹豆的賽德克語則是 sunguc，就據說是因為小矮人愛攀爬樹豆，又或是比喻矮人如同豆子短小。樹豆屬於矮灌木，分枝多，並能長至兩米高，株幅寬也能長至兩米，不難想像小矮人藏匿在樹豆叢裡的情境。

　　最後，同樣也是《番族慣習調查報告書》裡日人所紀錄的傳說故事，樹豆也出現在魯凱族祖先創生的故事中 capungan 社的「大洪水的故事」傳：

　　昔時 padain 社有稱為 tjavulung 的神人，從大武山歸來，
　　對社民說：「我歸來了，你們為什麼不宰豬呢？」，社

民們不肯，於是甚怒曰：「那麼要將此下界化為海洋」，乃以手攪動地面，突然發生大水，並成為一片汪洋。那時 vuculj 登上大武山，而我們 drekai 則登上霧頭山避難。數月後，tjavulung 抽出海栓，因而水漸減退，我們得以再歸來本社。起初我們剛一登上霧頭山躲避洪水，就失去所有的火，大家為此困擾。當時有一隻羌游到大武山取來樹豆之樹幹，以此製作燧具生火，從此拾起我們才得知已燧鑽木取火之法云云。（臺灣總督府臨時臺灣舊慣調查會 2003a:121）

　　從多則跨部落的傳說與神話故事可以推測，對於排灣族與魯凱族人而言，樹豆與小米和芋一樣，是一直都在並且跨越天界的農作物，這些神話故事至少告訴我們，樹豆可能早於日治時期就已經存在於台灣了。在這些故事中，不管是人、神還是矮人都與樹豆有著很日常的互動，例如其作為遊憩玩樂中的物件、家園地景中明顯的遮蔽物、其枝條也可作為柴薪等。相較於原住民族飲食中的主食小米，是不管在農耕行為、歲時祭儀還是人觀與信仰等概念中非常重要且神聖之物，樹豆的形象反而更為日常且輕鬆。就如民族植物研究者吳雪月曾這麼描寫樹豆的回憶：「早年物產不豐的年代裡，樹豆扮演著相當重要的角色。當年阿美族小孩還把它當成零嘴食物，放牛時，每個人的背袋裡都藏有樹豆，現在回想起來仍覺得好玩，至今我還百吃不厭！」（吳雪月 2006:37）。

飲食

　　民俗植物與文化研究多半這樣描繪樹豆：初春種植、初冬採收的樹豆，種植在田地的周圍與住屋附近（拉夫琅斯・卡拉雲漾 2013、吳雪月 2006）。因為樹豆的體積龐大，必定會干擾到其他作物，所以種植間距需要拉大。除了種植位置上較為邊陲，實際走訪東台灣進行田野調查，我發現非經濟型的樹豆種植確實都符合文本中的描述。有趣的是，每次跟不同老人詢問樹豆的種植方式時，他們通常說不出一個大概。一位都蘭部落七旬長者跟我說：「樹豆不用種啊！隨便丟就長出來了。有啦，我家旁邊有種幾棵」，似乎不把樹豆作為「農作物」看待，種植以粗放為原則，並不額外花心思照顧。可以想像剛入春，部落居民隨意在居住環境中撒播種子，雖不費力氣，但卻鑲嵌在長久以來習以為常的生活節奏。

　　雖然殖民時期的日人的調查紀錄中沒有樹豆詳細的種植方式之敘述，但在 1969 年臺灣省政府民政廳所發起的臺灣山胞農業現狀調查，南部瑪家鄉之《筏灣村排灣族的農業經營》報告書（1971）中，石磊詳細紀錄筏灣村排灣族人農耕方式中，也包含了樹豆的種植：耕種主食之小米以及芋頭田時，必定也會一起種植樹豆。種植順序在芋頭與小米之後，第一次除草時跟著種下樹豆，在第二次除草時再種下甘藷。在這裏，主食芋頭與小米是最優先被種植之作物，樹豆與其他副食例如瓜、菜等則而後才種。農耕地景反映在飲食習慣上。副食通常為季節性的食材，可以理

解為擺放在主食之芋頭、蕃薯、小米、稗[15]旁的配菜或與主食一同烹煮的佐料。

　　台灣工業化後飲食習慣大改變，作為副食的樹豆沒有跟著傳統飲食式微，而是以湯的形式流傳下來。在過去，樹豆湯被視為代表元氣、可為身體進補的食物。根據紀錄，產婦攝取的食物有摻混糖的薑湯，以及用鹽豬肉、乾燥的芋頭粉與樹豆熬煮的湯粥，此湯粥排灣語叫 semeljec，有暖身之意（臺灣總督府臨時臺灣舊慣調查會 2004b:160）。文獻所描述的樹豆飲食至今依然可見，一位屏東排灣族友人與我分享婦女生產完得喝樹豆肉湯補體力，一回在屏東內埔遇到一位賣樹豆的客家阿婆，也是分享自己以前在幫媳婦做月子就煮了一個月的樹豆燉肉。至今，樹豆肉湯已經是樹豆最為標記性的一道料理了。在尋找樹豆的路途上我與無數人討論樹豆。其中包括東部與屏東的原住民族、長久以來和原住民族群互動的六堆地區客家人以及對樹豆甚為熟悉的漢人朋友，只要一問樹豆怎麼吃，所有人一定都回答：和肉一起煮湯。在內埔，樹豆與花生燉煮的豬腳湯更是當地最著名的在地小吃，除了有廟宇旁專門賣樹豆豬腳湯的老字號店舖，在一些簡樸的麵店、小吃舖也都能買得到樹豆豬腳湯。在樹豆的產季走訪傳統市場，也能看到不少販售樹豆的攤家。由於當地樹豆產量已不足以供給在地市場需求，販商會特別到台東收購樹豆帶回內埔販售。

---

[15] 稗為與小米類似的禾本科作物。本研究報導人仍認得並會食用的古老禾本科小米類作物也包含油芒 lumai，是過去被族人馴化之禾本科穀物。

　　我在不同部落所喝過的樹豆湯其實料理手法和食材的元素無太大的變化。煮法是先將乾樹豆浸泡半天，再將樹豆與肉和薑大火燉煮數小時。大多數會使用豬肉，或者是獵人所獵捕的山肉。煮至肉軟嫩、樹豆裂開，再加鹽調味。這樣煮好的湯成棕紅色，有些人會加花生一起燉煮，有些在起鍋前放青菜。只加薑與鹽調味的樹豆湯，就是跨族群的飲食文化，且是最簡單而純粹的美味。樹豆特殊的澀香味能去除肉的油膩，讓湯喝起來既有肉的鮮甜又多了清爽的口感。對許多離開原鄉工作的人們來說，這是只有在家鄉能品嘗到的屬於家的味道。

三、成為經濟作物

　　我從 2018 年開始到樹豆的產地尋找樹豆以及種樹豆的人，試圖了解樹豆是否會像小米、紅藜一樣成為下一個原鄉的新興作物。如剛剛所提到，樹豆在高屏及東部地區非常受到歡迎，產量較少的地區會到外地收購樹豆。但近年來部落農人開始對外販售樹豆，我曾在花蓮、台東以及屏東的各個部落都會看到用夾鏈袋或者寶特瓶裝黑色、白色與花色的樹豆，可能是在小吃店家、菜市場或是商店裡，甚至在台北高價位超級市場與有機超市都能買得到包裝精緻的樹豆。我開始看見一排排單一性的樹豆田，像一般慣行田一樣管理。2018 年，台東縣大武鄉的一位村長和我說，過去三年來，它的村子裡除了原本的紅藜之外，也開始有越來越多人開始種起樹豆。在此之前，沒有人會種樹豆來賣的。

　　繼小米與紅藜之後，樹豆成為原鄉新興作物，或許可以從 2015 年台東農改場提出休耕田種樹豆即補助每公頃兩萬兩千元的政策開始說起（張存薇 2015）。樹豆作為原鄉食材，本又是具有固氮效益的豆科植物，耕作潛力以及產業效益大被看好。農改場表示樹豆的種植期可從春季延後到夏季播種，剛好適合二期休耕的農田施作，不僅可增加經濟效益，成株也可避免夏季颱風的災害。隨後的幾年，不管是新品種的發表還是種植方式的建議，農改場不定期舉辦觀摩會建議農民可多種植樹豆。白色的樹豆「台東 1 號」產量最大並且成熟一致、褐色的樹豆「台東 2 號」產量雖小但抗病蟲害、黑色的「台東 3 號」則是成熟期拉長但種籽抗氧能力最高，具有保健食品潛力（行政院農業委員會臺東區農業改良場 2017）。

　　樹豆的高營養價值頓時備受關注，農產網路販賣平台「好食集散地」這樣介紹：吃樹豆「可以健身，身體虛弱者補身，養顏美容」。確實樹豆含有豐富的蛋白質、抗氧化物質、維生素以及微量元素鈣、鋅、鐵、磷（陳振義，吳菁菁 2015），作為中藥它具消水腫功效，其根部可清熱解毒、利濕止血的作用（李宜融 2012）。早在 2012 年就有研究者主張台灣的樹豆市場雖未展開，但其多指標、多藥性的特徵、生產成本又低、同時具多元化開發潛力，非常有利於帶動綠色產業的市場性（同上引）。樹豆的高營養價值以及它來自的原鄉土地也因此再次有了交集，人們開始訴說著這樣的故事：原住民男人要工作或打獵前，就要吃樹豆才

會有力氣。「勇士豆」以及「原住民威而鋼」成為樹豆引人注目的新潮綽號。

從原住民的傳統「食材」轉變成健康「食品」的過程中，部落、學界、企業與政府部門這幾年來不間斷地跨界合作，透過研發、契作、競賽等模式生產出層出不窮的樹豆產品與料理，希望使大眾看見樹豆的多用途性並且打開樹豆的知名度（余曉薇 2020）。在各方努力下，本來被認為是傳統作物的樹豆也開始有了除了樹豆湯以外的樣貌。除了市面上各式樹豆加工品，例如加了樹豆粉的麵條或者是經烘焙磨粉後製成的樹豆「咖啡」，在產地台東，使用在地食材的餐廳店家也推出樹豆漢堡、樹豆咖哩等創意菜色。部落產銷班自己研發產品，例如望鄉部落開發樹豆漿、樹豆牛奶與樹豆餅等（原住民電視台 2016、廖靜蕙 2018）。

2018 年我在台東縣鹿野鄉「2626 農夫市集」認識了一對賣樹豆產品的布農與漢人夫婦。他們從種植到產品研發與銷售，幾乎一手包辦。原本就有在務農的先生在 2017 年第一次投入樹豆的種植就種了超過一甲的田。太太則是熱衷樹豆產品的研發：樹豆原液、樹豆奶酒、樹豆牛奶糖、樹豆饅頭和樹豆油飯等都是開發成功且已在販賣的產品。除了在農夫市集和活動擺攤，他們也在部落裡做生意。他們向我坦白，儘管族人不看好他們大規模地投入樹豆種植，但他們仍對樹豆的營養以及經濟價值很有信心。

對於是否要投入樹豆的種植，農人最關心的仍是價錢，他們擔心屬新興作物的樹豆的行情不夠穩定，會遇到如太多人投入紅

藜的種植導致價格崩盤的狀況。[16]樹豆雖然沒有技術門檻，但採收期較長、投入的人力成本也高，而且雖然產量多但仍有蟲害風險，原本是粗放耕作的民俗作物，為求產量穩定也會施肥以及灑除蟲藥劑。最理想的狀況是能有高一點的契作價格，但怎麼樣的價格算高？以剛剛提到的布農夫婦為例，他們說雖然市面上的樹豆一斤（600 克）300 到 600 元不等，但農會的收購價一公斤僅有 150 元，私人企業頂多用 200 元收購。對於在種植期與採收期必須投入大量成本雇用工人種植、採收並且挑豆，他們認為一公斤收購價必須到 300 元才算合理，也因此拒絕了收購方，反而全心投入樹豆產品的研發，堅持自產自銷，希望透過加工能再提升樹豆的價值。

　　在推動樹豆產業的過程中，可以看見一個個行動者的跨界合作與結盟，努力地透過各種計畫宣傳樹豆的各種面向，試圖提高樹豆的能見度並因此為各方行動者帶來益處。他們試圖在現狀中描繪出問題與不足，並期望樹豆是能為這些現狀帶來改善的「未來作物」。例如期待樹豆產業經濟能帶動地方創生與在地活絡、期待樹豆能走出原住民部落，並讓「沉寂許久的傳統民俗作物再度復甦，創造生機」（行政院農業委員會臺東區農業改良場 2017）。然而實際上農民為了克服樹豆在大規模種植中的不穩定性，仍須投入慣行農耕的農資材，農改場也建議使用塑膠抑草布、

---

[16] 根據公視新聞 2018 年 5 月 17 日的報導，近兩年台東縣紅藜種植面積擴七倍，已累積 15 公噸的紅藜米，此外 2018 年全國其他縣市也投入紅藜種植，農民擔心紅藜因生產過剩導致價格下滑（章明哲 2018）。

除蟲藥劑與肥料施作（余曉薇 2020），這樣的耕作方式其實並不符合樹豆被包裝之在地雜糧、友善環境等價值。雖然樹豆的文化性、營養以及在地性回應了現代人對於飲食道德多面向的期待，但一旦少了不同機構與政策單位的協力推廣，樹豆是否還具有它被期待之經濟價值？而樹豆是否必須得走出部落才具價值？它真的如政府部門所述是「沉寂中的民俗作物」嗎？

四、小結

在台灣，許久以來樹豆一直作為飲食中的配角被人們保存著。它在原住民的飲食文化中或許不是最重要的主食，卻也是生命中不可缺席的、種植從未間斷的食物。樹豆本身具多功能性，它是食物，也是柴薪與掃把。在地景中，它可以是遊憩的裝置，也可能是用來區分界線的標記物。當我們把樹豆抽離於世世代代所處的多物種地景，從生物的角度理解，會發現樹豆物種本身的邊界性為它在農業地景中帶來優勢，因為投入種植沒有任何門檻，甚至可以趁田地休耕時節種植。然而，從科學家與農產業的角度來看，這些種種的不確定性卻為許多人帶來麻煩。

樹豆作為經濟效益的商品，被各界塑造成為人類社會解決問題的「未來作物」，在各方行動者的結盟下成為了健康、文化、永續的代言人。2016 年被聯合國世界農糧組織命名為「國際豆類年」（International Year of Pulses），子標題：〈從皇帝豆到樹豆〉巧妙地將同在台灣受到關注的樹豆擺在首頁位置。國際豆類年旨

在推廣豆類各方面的價值，聯合國糧食及農業組織希望大眾能更重視豆類作為植物蛋白質在飲食選擇上的優勢，並且強調其間作模式對於農耕環境的價值，並且在面對氣候挑戰以及能源危機的當代，豆類是人類可靠且安全的糧食選擇（FAO 2015）。同年，我國行政院農委會也實施「大糧倉計畫」，計畫透過輔導農民轉作本土雜糧與消費者端的行銷推廣，期望建立台灣本土雜糧產業，提升我國僅6%的雜糧自給率（陳孝宇 2019）。樹豆是台灣本土的雜糧豆類，雖然在眾雜糧作物當中屬於小眾，但也被賦予守護台灣糧食安全的重責大任。

　　樹豆在當代所代言的各個面向，不管是農作模式、營養價值、文化脈絡還是糧食安全，都促使我們更好地去思考人與環境的關係。現代人對食與農的好奇提升了，人不僅僅為了食物的味道而吃，也為了自己相信的價值去選擇所吃。然而，我們與食物的關係並不是「吃」與「被吃」的二元關係，就如同樹豆產業推廣道路上，創造需求帶領供給的方針似乎過於單一，這樣的論述上似乎哪裏不太對勁？

　　不管從農業科學家、生產者還是食物安全的脈絡理解樹豆，我們都能感到一股曖昧的態度：樹豆很好，卻又難以被研究、難以被政策推動、難以產業化等等。但如果從樹豆的視野出發，會發現自古以來它一直存在於地景中不間斷地被種植與留存在飲食文化中，不曾「沈寂」。或許，在思考當代樹豆的產業發展與未來之前，我們更要嘗試在物種共生的世界看見與理解樹豆。在被

稱為原住民的威爾剛、台東的雜糧三寶、台灣人的未來作物之前，樹豆是如何與人和其他物種共生？它是如何存在於地景？抱著這樣的好奇心我進入田野調查，也進入了一個在混亂中共生的多物種世界。

第二章　曖昧的樹豆史

花生田、樹豆、芋頭與 muakai，2020.04.13

第三章　混亂的美好生活

第三章　混亂的美好生活

　　上一章節我從人類眼中的樹豆出發，釐清樹豆作為資本主義中的物在管理上所帶給人類的問題與侷限。然而樹豆作為生態環境中的一種植物，一直以來是生長在不可控制的多物種場域中。我開啓了尋找身處在多物種地景的樹豆，並在這個過程中思考：作為研究者該使用什麼樣的視野去理解物？身處於無法全然控制的混亂中，人還能享受於其中嗎？

　　Anna Tsing 在《末日松茸》（2015）裡敘述松茸菇的採集者們工作的方式完全仰賴自身經驗：每位採集者都有屬於自己的一套與自然互動的知識系統，每次的採集都是在透過各種感官與身體記憶在和森林共舞，每場舞都獨一無二。採集者在意的不見得僅是金錢報酬，而是這個跟資本主義毫無關係的互動精神，松茸菇從自然物演變為昂貴禮品的過程中，很自然地跨於各個異質界，並且拒絕格式化。此外，松茸菇本身強烈的味道為每個與其交鋒的人與物帶來感官式的體驗。不管是採集者透過氣味在地景裡尋找松茸，還是喜愛松茸氣味的人們透過聞它的味道得到滿足感，感官資訊讓我們更了解物也更了解自己。

　　Tsing 與松茸菇感官性的互動極具啓發性，本章節我試圖感官式地將自己置入於多物種地景中，並且仰賴自身經驗嘗試看見地景中每個物與物之間的關係。在尋找田野地的過程中，我刻意搜尋符合樹豆物種特性的田，以間作、邊界性作為代表，先是透過時間的向度去觀察多物種植株的層次與變化，而後與 vuvu 相識並

61

正式地進入田野。希望能透過身體感官呈現出多物種田野的全貌性，並爬梳混亂與不穩定對於一個混作田的意義。

一、尋找樹豆

看見地景

　　2019 年五月，我正從位於知本的臺東大學出發前往台坂部落，我曾在這裡看到一些樹豆，想再次評估田野地的可行性。行駛在台 9 線的南迴路段，南向路段左邊是太平洋大海，右邊是中央山脈，是台灣島上數一數二的公路美景。天氣幾乎總如汽車廣告裡那樣萬里無雲，就算車裡將冷氣開到最大，也阻擋不了強烈紫外線從外射進車內的輻射熱。田野研究期間，每次往返田野地必須經過的路段總在進行道路工程。南迴公路在近年來終於結束為期十多年的「台 9 線南迴公路拓寬改善計畫」，該計劃目的為提供居民一條可以安全回家的道路、提升區域運輸系統功能以及帶動沿線觀光經濟。在我從北往南往返田野地近 70 公里路程，沿途的景色除了大海與山脈，幾秒閃示過眼角的村落與看板，還有烈日下也不停歇的工程。

　　大多時候，這個旅程並不舒適愉悅，通常我感到躁動與疲倦。雖然道路平穩快速，甚至在拓寬工程結束後應該會又更加進步了，但當我高速地將自己運進田野地，自己像是處於一個真空膠囊裡，專注於駕駛的同時，頭腦裡乘載著和周遭環境不相關的資訊，都

是過去已經發生的以及未來會發生的。在一個半小時的車程裡，我雖然真空於這個世界，但思緒與精神卻嘗試整理排序我希望自己能記得的思緒。在這條高效率的快速公路上，只有在車窗打開時將手臂伸出窗外，透過感受強烈卻溫暖的空氣穿過手指縫，才能與週遭環境產生連結，使自己來到當下。

位於淺山地區的台坂部落離海岸公路不遠，大約十分鐘的車程就能抵達。從台 9 線進入山區的岔路，能看見大竹溪流域的出海口，此流域畔坐落著許多排灣族部落，其中保有從未間斷的五年祭傳統的土坂部落或許最為知名。一離開公路開進位在此流域外圍的大溪村，車速必須馬上減慢緩行，放慢的車速讓我腦袋回到現實。「要進入田野了」，再往後的好多個月，每當開進大溪村，我總會這麼跟自己說。大溪村是此區域的機能中心，短短的一條小街道上有著早餐店、菜商與肉商，農藥行、五金超市、機車行等，能滿足附近部落居民基本的民生需求。沿著大竹溪流域旁的產業道路開進山區，沒幾分鐘，就會遇到大竹溪與台坂溪的匯集點，往台坂溪的方向也就是流域的北側駛去，台坂部落則位在台坂溪與拉里巴溪的中間，海拔約 190-260 公尺的小台地上。我所要拜訪的種植地，是在部落腳下海拔 150-180 公尺的緩坡耕種地，這裏有數戶部落居民在此耕種，也有養殖魚池與家禽。

馬路與耕地有蠻大的落差，從位於高處的馬路邊放眼望去，可以俯瞰這塊頗有規模的農田。這裡的面積相當於上方台坂聚落的二分之一。在五月份的初夏，春季作物收成結束，地景裡的土

褐色更多於翠綠。除了一小塊的小米穗正等著成熟，絕大部分田
區曝曬於太陽下的表土以及零星散落在各處的小堆雜草都表示著，
這塊田區剛整好地，現在已準備好夏季的種植。如果從高處俯瞰
這塊田區，雖然更容易能觀察到季節性的、宏觀的樣貌，但更多
的細節與線索，還是得親自走進田裡，融入地景的一部分才可得
知。

從道路往下俯瞰五月剛收成完的混作田

看見樹豆

　　這段期間我努力地「看」，希望能找到理想中的田野地點。在南迴路上，有些樹豆種在較爲深處的山谷間，有些則是在大馬路旁。雖然每種地景必定有它的故事，但針對樹豆生物特性，相較於大面積排列式單一種植的田，我更希望能找到更多元、非單一種植的混作田。我在尋找的不是樹豆，而是一種地景。駛在各個村落小徑，我放慢車速用力尋找樹豆。在一般情況下，樹豆的播種時間是一月到三月中間，所以五月左右的初夏時期，樹豆植株最多不過也就五十、六十公分高。而且這個時間的樹豆尚未木質化，植株身形細長，通常隱身於鄉間綠意地景中，很容易就會被忽略。不過當視線習慣了樹豆的形體與顏色，「看見樹豆」突然變得很輕鬆。鄉間的綠意不再單一，樹豆的綠中帶一點藍，細長的枝幹高瘦輕盈地直立著，長型的小葉子也賦予它獨特的樣貌。它會隱身其他混種作物當中，例如南瓜與玉米間，要不然鐵定會出現在土地的邊界與畸零地上。不過其實在地景中最容易被看見的樹豆，是前一年種下的成年樹豆。雖然經過一次採收期的葉子不如年輕植株來得翠綠，但它接近兩米的高大身材，像樹一樣的直立著，就是尋找樹豆時最好的線索了。儘管樹豆是多年生作物，但農人爲了確保產量多半會在第一年採收期結束後將植株砍掉、重新種植，所以要能在夏季看見成年樹豆植株比較少見。

　　台坂村下的這塊田區在炎炎夏日，放眼望去雖然都是碎石頭與曝曬在太陽下的土壤，但我仍看見了幾棵樣貌有趣的樹豆。有

一些高約一公尺的樹豆植株，既不是新苗，也不是收成完沒有被砍伐的成年樹豆；這些是採收期結束後，被農人修剪過又再長出新枝的樹豆。如同其他被修剪過的樹木，這幾棵樹豆的新葉更加翠綠並有生命力，不像一些收成完後的成年樹豆，樹葉偏黃，甚至有些枝條已經枯萎。樹豆被作爲多年生植物修剪管理，在講究產收效益的現在實在是很少見。

仔細一看，在這些充滿生命力的樹豆周遭，有好幾種不同顏色的蕃薯葉攀爬在一旁，另外還有零星野菜、芋頭、南瓜以及剛種下去的樹豆苗。有趣的是，如剛剛所說台坂部落的這塊田區在正夏是剛被整好地的狀態，主要的田地都是空曠沒有植被的，但這大片田區的畸零地，也就是穿越田區的道路兩旁，卻留下了這些樹豆苗、野菜以及根莖類等作物。我沿著斜坡再往上走，左右兩旁大約一到兩甲的土地，雖然沒有明顯的分區，但這塊佈滿碎石的農田地形有著平緩的上坡，沿著等高線是人工整理出來一堆堆的石頭堆。除了零星幾棵矮小的樹木，還矗立著許多四、五米高的水泥柱。田地的中央有一區是被透明紗網圍起的區塊，我猜想是種植小米防止鳥害的設施。還有一兩個鐵皮搭建起的工寮，其中一處有養狗，人經過就吠叫。夏天大致土黃色的田間風景僅有一點綠意，不過仔細一看，除了在田地邊界種植的樹豆，南瓜與蕃薯的蔓藤匍匐在一塊，芋頭則是這邊一個、那邊一個，隨機種於整個田區，大小也不一定；水泥柱上攀爬著豆類、荖葉與山藥蔓藤，還有其他多年生植物像是檳榔、假酸漿、月桃、刺蔥、木瓜、芭蕉、薑，以及一些我還叫不出名字的野菜。

在看似隨意且物種多樣的畸零地上，每個植物都是可被使用並且細心管理的。在這裏，樹豆並不是地景中唯一的主角，不像多數我所見到的那些整齊劃一、密集種植的樹豆田。我好奇眼前空曠的田區是用來種植什麼作物？為什麼要修剪樹豆延長它的生長期，是否是一種很少人知道的種植技巧？我被這塊地景深深吸引著。在遇到本書主要報導人 ti vuvu i muakai[17] 之前，我已經透過地景感受到其強烈的「個性」，好似這些種植邏輯鑲嵌於一種有機體當中，我無法僅透過眼睛的觀察去猜測它們為何被種植。不像一般農田整齊的排列式耕作，這塊石子地上的各種作物的種植似乎雜亂無章，一旁的水溝和工寮還堆疊著垃圾。田地裡被刻意留下的野菜，以及位在中間田區除了芋頭之外赤裸而乾淨的土地，都告訴我這是塊被積極管理的農耕地。我對這塊田充滿好奇，也深知如果想理解這塊土地，就必須要將這裡所承載的各種物，包括了耕作者、作物、廢棄物全部收納進我的視野當中。

二、vuvu 與山上的感官

遇見 vuvu

第一次遇見名為 muakai 的 vuvu 是在 2019 年 11 月 16 日，一個星期六的中午。樹豆的採收季快要到了，不管我內心多麼想待在非人的世界，透過觀察植株的生長完成田野調查工作，我終得

---

[17] 排灣族語「叫做 muakai 的 vuvu」之意。

找到台坂混作田的種植者。自從夏天的拜訪後，我已經有半年沒有回到這塊田區了。從大溪村駛進台坂部落的路途中我心跳加速，明明要拜訪的是一塊地景，但我卻如同與許久不見的心儀對象見面一樣感到緊張與期待。一方面對於將有可能會遇到種植者而感到緊張，另一方面也期待回去見那塊田。不曉得經過了半年，當時矮小的樹豆變成什麼樣貌？

　　眼前的地景已經不是半年前所見的了，相較於乾燥炎熱的夏季土色，秋冬的地景層次豐富了許多。幾個月前還剛生出來的樹豆苗已經長到接近兩公尺高，本來纖細的植株成爲了小灌木往四周散開，植株直徑有足足一公尺以上，有些還開了黃色的花，準備迎接結果期。我走路時得專注於腳下踩過的每一步，確保不會踩到地上的各種作物。地景層次是立體的，眼前視線被植株填滿。原本種在邊界毫不起眼的樹豆，如今霸道地佔用了路旁左右側的廊道，除此之外還有比樹豆再矮些的洛神花。事實上，洛神花似乎就是這裡的主角，有著深紅色的枝條以及鮮紅發亮的花萼，洛神花現在佔去整片田區最主要的空間。不過此時正是採收期，植株上可以看到許多花萼被剪去的痕跡，這些應該是最先成熟的花萼。眼前大部分的植株已經剩下一些零星的花萼還沒收成，一旁也堆疊著一堆堆收成完畢被砍掉的洛神枝條。通常採收好的洛神會被外地人一次收購走，所以洛神花的採收期得在兩週內完成，並不會拉得很長。

　　我在一處洛神與樹豆樹叢中看到了一位老人若隱若現地隱身在植株裡頭，要不是因為老人身上艷色的工作圍裙，我可能難以看見他。這位身高約略一百五十公分、身材圓潤的 vuvu 隱藏在植物中彎下腰，雙腿挺直地與地面形成三角形，一隻手拿著除草小刀、另一隻手在地面上挑揀著；像溜滑梯般筆直的脊柱又與雙腿、地面形成另一個三角形。大約數十秒的時間，甚至是有一兩分鐘那麼久，他固定這樣的姿勢，四隻手觸地移動。我從來沒有看過這樣彎腰務農的人，腰桿至整個脊椎不背駝，膝蓋絲毫不彎，看起來毫不費力行走。地心引力使得上半身垂下，但時時刻刻在工作的雙手又因為使力而分散雙腳的重心。彎著腰工作中的老人家像是一個我從未見過的奇特生物，我很驚訝。

　　我出聲和他搭訕。他先是抬頭看了我幾眼，一邊和我對話一邊工作，並沒有因為我的出現而停止手上的動作。原來，洛神花採收完成後要種開始種紅藜。他不需等洛神植株收成完畢，而是早在兩週前的洛神田中播種紅藜。此刻他彎著腰正在做的工作就是在幫一些過度密集的紅藜疏苗並移種。沒聊多久，老人家看看頭頂的太陽，「我要回去休息了！」他中氣十足地說。此時已經十一點半，儘管已經是冬天但陽光還是非常炫目。也因為是第一次的短暫相會，我不好意思跟著 vuvu 回家。我問是否之後可以和他一起工作、學種樹豆？他馬上爽快答應了。挺直腰站起身來的 vuvu 走起路有些蹣跚，但每個步伐都很穩重。我看著這位老人騎著摩托車從不甚平緩的砂礫路離開，心裏感到很滿足。

成為 vuvu 的 vuvu

2019 年 12 月到 2020 年 2 月的這三個月，我共拜訪 vuvu 十八次。期間，我在 vuvu 家與他一同工作、吃飯、生活，盡可能每週都到村子下方的田裡報到。剛開始，我以研究生的身份出現在這位老人的田裡，好奇他的耕作與生活的一切事務，他還以為我是實驗室裡的研究員，要來給予農業技術指導。不過很快他就明白我不僅無法為他解決蟲害的問題，反而更像是他的孫女，休息時遞檳榔與水，吃飯幫忙洗碗端盤，有時一起去文健站上課，冬天寒冷的夜晚與他睡在同一張床上取暖。在田野初期，我就與 vuvu 就建立起了非常親密的關係。

部落裡的鄰居與家人們很快就適應了勤快的 muakai 身邊突然出現了一個白浪[18]孫女。每次我一停好車，住在 vuvu 家旁邊的親戚就會親切地招呼「回來啦！」、「你 vuvu 在學校！」[19]，指引我 vuvu 的所在地。每當有族人好奇和 vuvu 用族語談論起我的時候，我總是能聽到他提到 puk（樹豆）、djulis（紅藜）、paketjaw（花生）、vuaq（毛地瓜）這些農作物的單字。原來我進入田野的冬季因為跟著他一起收成毛地瓜，也幫忙種植花生與南瓜、疏紅藜與小米的苗和拔小米田間的雜草，我提供勞力幫忙一起工作，他用食物以及一些農作物回報我，我的身份才因此從本來的學生成為他住在台東的 vuvu。「你幫 vuvu 一起工作，以後也就是我的

---

[18] 部落族人用來稱呼漢人的代稱。
[19] 原住民族文化健康站。每週一至五上午約九點到十二點在台坂村活動中心。

vuvu 了！」我第一次幫忙的工作是搬運一袋袋十幾二十公斤的刺薯山藥，在結束工作後他這樣跟我說。我才明白，原來在排灣族語裡，vuvu 是祖父母與孫子女互相稱呼的稱謂。

到底是在為自己的碩士論文研究進行田野調查，還是去拜訪我非常喜愛的阿嬤跟他學習生命的智慧，在進入田野的日子裡，我有時無法分得清楚。農事工作重複性高，搭配著 vuvu 每半小時吃檳榔停歇休息的韻律，我有時抽離身份，用他者的眼光觀察田間地景的各種元素，試圖找出 vuvu 田裡的運作的系統，誰與誰合作了？什麼是異常？vuvu 說的話和做的事代表什麼意思？但下一秒，我又沈浸於農事當中，像在靜心冥想般除草、疏苗、收成、種植，我嘗試透過模仿 vuvu 的行為，也成為這個地景的其中一部分。行走於田地時準確地踏出每一步，知道自己踩在哪裡，能看得懂哪個區塊種了什麼，什麼該被保留，什麼又得去除。

時常和 vuvu 在山上工作的那段時間，在落筆的此刻已經是兩年前的事了。雖然我不再經常參與田裡的工作，但我也默默地開始幫忙 vuvu 賣他種的紅藜、小米、毛地瓜以及長豆。只要電話一打過來，我就知道又有剛收成的農產品要我幫忙拿到外面賣了。2021 年大部分的時間，vuvu 的雙腿更加無力，身體狀況並不穩定，我偶爾陪伴他往返醫院及診所。生病期間雖不能做粗重的工作，時常需要在家裡休息，但只要稍微有些精神與體力，他必定會騎著摩托車到村莊下的田區。

　　「你 vuvu 都不休息！」部落的人總是這樣評價他。他寬而穩重的身體支撐著經年累月因工作而磨損的脊椎。僅管脊椎與膝蓋都動過手術，但他每次彎下腰來總一氣呵成，粗糙厚實的雙手總是不停歇地在土地上挑揀、疏爬、採集，每走一步，雙手能完成超過一個步伐的動作。腰會痠痛、腳也總是發麻的他在田裡走路總會配合大口吸氣、吐氣的呼吸聲，或許透過呼吸調整自己的疲憊。同時也總會不可思議地一口氣抬起地上數十斤的作物，不過如果需要搬運他仍需要找年輕的幫手幫忙。他粗糙的皮膚有著很深的紋路，長久以來的泥土和污垢在皺紋裡是很難清洗掉的。儘管如此，在結束工作時，他會把雙手浸濕再摩擦粗糙的石頭，像是在洗衣板來回刷洗衣物那樣將大部分的土壤清洗掉。不管在田裡工作時指甲翻了還是受傷流血，他僅用膠布將傷口簡單包紮便繼續工作。「下雨有下雨的工作，出太陽有出太陽的工作。山上永遠都有事情要做，做不完啦」他總是這樣講。

　　vuvu 的生活來回於家、田與學校，沒有特別的事情不會離開部落（見圖 6）。他總在天未亮時起床，天氣冷的話會坐在電視機旁的單人沙發椅上，一邊聽晨間日本摔角節目，一邊處理腳上竹簍裡的農作物。也許在撥豆莢，也許用手搓揉紅藜將籽與穗分開，也許在挑種子，到差不多天亮時，他就會騎著紅色的機車去部落台地下的「山上」工作。如果農事不是太繁忙，大概九點前後，vuvu 會回家，洗個臉換下工作圍裙，帶著便當袋、撲克牌以及檳榔到文健站上課領便當。這時他會與朋友們聊天打牌，上課運動。中午領完便當回家，沒一會又再回到田裡工作直到傍晚。晚上六

點左右媳婦煮好晚餐，在餐桌前他先調好一杯木瓜牛奶與補力康[20]
混的酒，用手指將杯裡的酒滴灑在地 palisi[21] 才開飯。洗完澡後
vuvu 不再吃檳榔了，他睡覺前通常會一邊搭配著電視播放的連續
劇，一邊延續著手裡整理作物的工作。大概九點前就上床睡覺，
隔天一樣時間起來，重複一天的行程。

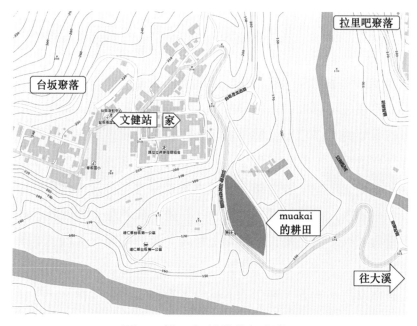

圖 6　耕田與部落的相對位置

圖片來源：作者製作，底圖取自經濟部水利署水利地理資訊服務平台

---

[20] 一種低度酒精的甜藥酒。

[21] vuvu 解釋，palisi 是拜拜的意思。在耕地工作或是吃飯前，vuvu 都會將米酒或
補力康倒入小的玻璃杯或小鋼杯，以右手食指沾酒彈向身體前方的周圍，一邊
用族語和爸爸媽媽、vuvu（祖先）以及「土地公」說祈福的話。在排灣族文化
中，palisi 是祭儀行為之意，也有禁忌的意涵（譚昌國 2007）。在祭儀中，透
過酒和神靈、祖先或者祭儀中祈求的對象稟告。

vuvu 的山上

　　2019 年 12 月 7 日，這天早上八點我在田區的邊緣找到正在收成 vuaq（毛地瓜）的 vuvu。毛地瓜種在西邊田區的外圍，就在斜坡馬路下的水泥擋土牆邊。與廣義的山藥同屬的毛地瓜（*Dioscorea esculenta*），藤蔓及根部都長滿著刺，所以最廣泛被稱作為刺薯蕷。土色的外皮下的肉是白色的，口感吃起來既有地瓜的鬆、又有山藥的緊實，卵狀的塊根長滿著細小的纖維，難怪在部落被稱作毛地瓜。雖然喜歡沿著垂直矗立的柱子或樹幹往高處長，不過也可以像地瓜爬遍耕地。採收期進入田裡，原本漂亮青綠的心型的葉子已經乾枯，這代表已經可以收成了。平常在田裡就沒有戴手套工作的習慣的 vuvu，就連拔起佈滿刺的莖也都是徒手，「戴上了就不會做事了」就算雙手常常有傷口，他還是這麼說。一邊用鐵製的棒狀工具鬆土，一邊抓起塊莖上方的藤，取出土裡雞蛋大小的毛地瓜，往地上敲幾下把土甩掉，再摘下毛地瓜往籃子、袋子裡丟。土壤因為收成的動作被翻起，才知道這裡的土雖然有許多碎石，卻仍帶有黏性。有碎石的土地排水一定良好，但如果土壤不帶點黏性就無法保水。不過也因為土壤裡有許多石頭，這邊的毛地瓜無法長得像是種在砂質地裡的那樣大。

　　在幾步路的範圍內，彎著身子在收毛地瓜的 vuvu 不是只在收成而已，他會把藤蔓與其他拔起的雜木苗、雜草堆疊在一塊，方便之後火燒整地，然後也會從出土的毛地瓜中挑合適大小塊根，直接就地種下，待一年後收成。另外，看到田間的蝸牛也必須撿

起，拿回家給家人加菜，同時還會留意水泥柱周圍的莧葉與皇帝豆，嫩的莧葉是鄰居託他採的，皇帝豆則是採收後還要再去掉豆莢並將豆仁集中起來。這些在田裡順手採收的作物，通常都會直接被放進圍裙的口袋裡，每次結束工作時，圍裙的口袋總是被各式各樣的東西裝得滿滿的。vuvu 在田裡的動作總是活潑多樣，在緩慢的步伐與粗重的呼吸之間，收成、整地、種植，一氣呵成。工作時我也想學著他的三角站姿，腿打直、彎腰、雙手觸地作業，但沒過多久我馬上發現自己不僅雙腿後側肌肉太緊繃無法打直，就算稍微屈膝，也無法習慣彎腰低頭站立。這樣的姿勢維持不了多久，我就放棄站姿，改用對我來說更輕鬆但需要耐力的蹲姿。

　　我在田裡跟隨著 vuvu 的腳步，負責的工作是整理並搬運毛地瓜，指令看似單純，但還是遇到了問題。首先，我必須幫毛地瓜選種。太小的毛地瓜不要放進籃，然後再從這些毛地瓜中再挑選出漂亮的作為種子。毛地瓜大小的分級全是靠眼力，有的時候 vuvu 會指出我放進袋子裡的不夠大，但我也會發現他偶爾也「打破規則」，將同樣較小的毛地瓜裝袋。毛地瓜的尺寸大小不一，規格難以精準化，挑選全憑個人多年的經驗。毛地瓜的收成是我第一次加入 vuvu 的農事，雖然是第一次加入工作，但他卻對我非常信任，完全不嚴謹，甚至還有些隨意的態度，讓我感到有些驚訝。在這之後我所參與的其他工作，就算有的時候我沒有做得很好、不夠細心，例如疏小米田裡的苗疏得太過頭，又或者在採收樹豆時收了果實還未飽滿的豆莢，還是在拔花生田的雜草時太過草率而不夠乾淨等等。他從來都不會太過糾結，就算給予指正時，

也會用輕鬆的方式說：「弄不好沒有關係呀」、「試試看才知道啊」。

　　同樣的態度也反應在他的種植邏輯上。在田野期間，我參與了許多作物各階段的工作，包括毛地瓜與花生的種植和採收，小米與紅藜的疏苗及雜草管理，以及樹豆和南瓜的收成等。這些都是為 vuvu 帶來最多經濟收入的作物。我經常問 vuvu 什麼時候該種什麼，這個種完要換哪個？作物又該怎麼種？或許有的時候會得到明確的答案，例如像毛地瓜和樹豆是生長期長達一年的作物，種植時間可以比較固定，但如果是像花生、小米、紅藜和南瓜這種生長期為三到四個月的季節性作物，更多時候會得到「都可以」這樣的回答：

　　想種什麼就種什麼，vuvu 都隨便種阿！

　　有人買，就多種一點。像去年洛神花不好賣，今年就種少一點也可以呀！

　　你喜歡什麼就種什麼，沒關係呀，都可以試試看。

　　模凌兩可的回應背後，是 vuvu 浮動並且彈性的種植規則：沒有什麼是必須種下，換言之，什麼東西都可以種。環境氣候的改變確實是使種植更為彈性的一個因素。vuvu 明確說過，現在的氣候已經不像以前，是「很奇怪的」，炎熱的時間拉長，生長期三到四個月的短期作物的種植期也更加彈性，而像樹豆本來只能在冬季種植，現在他認為就算春天種下也可以。最後，本來不大需

要使用農資材的地方，在欠缺人手的情況下，爲了提升工作效率 vuvu 偶爾也會使用一些農藥與肥料。

毛地瓜田裡的火

對 muakai 而言要收成長在最邊界的毛地瓜並不容易。或許因為 這樣，他工作時一次做好所有步驟：用錐子挖鬆土壤、抓著長刺 的藤蔓拉起地下的根莖、將小顆的毛地瓜直接種下、大顆的蒐集 到籃子裡、藤蔓與雜草堆疊在一塊，等幾天後草堆乾燥了，就可 以火燒整地。

　彈性的種植規則使得山上的混作模式得以有更多種的變化。 從 2019 年末的冬天到下筆的 2021 年秋天，在與 vuvu 互動的這八 個季節內我觀察到，對於較大面積種植的商品性作物，他還是會 依經濟性的得失做出種植的決策，如果上一季賣得不好，那下一 季就會少種些甚至是乾脆不種，改種其他的東西。但多數田裡種

植的作物不在此經濟規則下，其他像是部落內親朋好友的送禮、給地主的租金、好不好種、家人吃不吃等因素也涵蓋在考慮範圍之內。開放的耕作規則後面仰賴的是耕作者的智慧與技能，而種植邏輯除了滿足耕作者的社會性需求，作物本身的生物性也早就給予規範。關於 vuvu 耕地的不同面向，將會在第四章進行更詳細的討論。

三、混亂的美學

　　vuvu 與山上的混亂之美[22]該如何描繪？從第一次見到這塊混作田的夏天至今好幾個季節過去了，我越是了解這裡的混作模式背後每個微小的動機，越認定表面上的隨意和混亂具有無可取代的智慧與價值。我所看見的是 vuvu 將各種植株的不穩定及不確定性透過自身的經驗轉化為各種合作。這些合作透過多層次的身體實踐、多物種的生態特性以及外界行動者的拉扯，在混作田中產生鑲嵌著在地與自我經驗的感官空間。但是在這個感官空間裡，我們該如何去理解並消化 vuvu 堅持丟到水溝裡的垃圾、不小心吃到蝸牛藥而死去的看門犬，以及被卡在小米田網子上動彈不得的

---

[22] Howard Morphy 認為所謂美學（aesthetics），與感官受到刺激時所形成的質性影響有所關係。美學是當人有能力為物質世界賦予質性價值；美學也是將感官賦予社會性的過程中，同時為物的質量制定價值（Weiner et al. 1996:208）。我刻意選擇使用美學一詞來形容 vuvu 生命經歷、日常生活以及在田裡勞動的感官體驗，回應了 Morphy 所認為美學一詞本身具備重量：「美學是讓人體驗精神力量的管道，它讓人感受到 authority（權力、自主權、權威）的重量」（同上引:209）。vuvu 情緒與身體等感官體驗既是混亂同時也是具有自主性的價值，在當事者的感知裡，即為「美」的詮釋。

鶉？這些在生態意識中明顯不美甚至是製造更多髒亂與破壞的元素，也可以是混亂中美麗的一部分嗎？

如果僅從人為本位去思考當代的情境，便無法正視多物種的本質。人或物之所以得以生存，或許並非因為我們追求現代化的進步或者某個被包裝為文明的道德價值，而是因為各種行動者在不同時刻對應自己的需求，進行跨物種、跨元素的合作與組合。組裝的過程是流動且短暫的，換句話說也是不穩定的。

Tsing 與 Haraway 分別對混亂與不穩定做出見解：

不穩定性是一個展現脆弱的狀態。我們被不可預期的狀態改變；我們甚至無法掌控自己。在無法依賴社區結構的穩定性的情況下，我們被丟入不斷變化的不同合作之中，這重新塑造了我們以及合作中的他者。我們不能仰賴現狀；包括我們的生存能力在內的一切都在變化（Tsing 2015:20）。[23]

Anna Tsing 所形容的不穩定狀態是永恆的，人與其所接觸到的物隨時都在改變，所以我們不能控制也不能追求穩定，而是得接受這樣脆弱的狀態。Haraway 則更近一步說明，在不穩定的時刻，我們必須主動製造混亂：

Trouble 是一個有趣的詞。它是源於十三世紀的法文動詞，是「攪動」、「使混濁」、「打擾」之意。我們──居住在 Terra（大地）上的所有──住在一個不安的時刻，

---

[23] 原文請見附錄。

一個混亂的時刻，一個有許多問題且混濁的時刻。我們的工作是使自己有與他者一起應對的能力。這混亂的時刻有著溢滿出來的痛苦與快樂…我們的工作是製造更多 trouble，在巨變來臨時得以做出有力的回應，同時也平息惡水，重建安寧（Haraway 2016:1）。[24]

Tsing 和 Haraway 的論述是相似的，Tsing 指出了我們不應該認為自己可以掌握狀態，唯一可以掌握的是維持不穩定、保持脆弱，而 Haraway 則認為在混亂的時刻中，必須要有製造混亂、作為混亂的能力，只有成為混亂才有可能在遇到問題時處變不驚。vuvu 的混作田裡的各個行動者所呈現的確實就是如此。在情感上，他是直率且真性情的人，在面對混亂的農田地景以及忙不完的工作，他處變不驚且隨時準備好做出改變。vuvu 的身體病痛乘載的是一輩子勞碌拚搏的累積，就像他所耕作的田地容納出現於此處的各種物。

vuvu 的痛苦與快樂

聽 vuvu 分享自己的生命故事與和他一同工作一樣精彩。他是一個不忌諱展現自己情感的人，他總會熱情地透過擁抱與親吻表達歡喜。每當講到生命中讓他感到不堪或者不服氣的時刻，他會淡然而有力地分享那些不愉快。例如聊到小時候的遭遇，他總是毫不保留地說：「我很可憐啊，沒有媽媽」、「後媽媽對我很壞

---

[24] 原文請見附錄。

喔」。如果問他身體的狀況，通常會得到：「身體很不舒服，一直都很痛」的回應。但同時，對於快樂值得開心的事，他是非常正面積極的。或許是因為自己在部落是努力勤勞的人，他在少女時期就有許多追求者，vuvu 至今仍能仔細且生動地一一列出他們是哪裡人以及當時和他們的故事。雖然部落內外他有許多男朋友[25]，父親卻都將追求者們拒絕了。二十歲時，父親接受了一位外省軍人的提親，對方大自己二十歲，vuvu 一直都想不透為何父親如此安排。由於彼此沒有感情基礎，所以在結婚後的很長一段時間他不大與先生交談。結婚後夫妻倆與孩子們在南部城市生活了三十餘年，直到先生過世他才返回部落居住。從命運的角度看來，vuvu 生命中大多的重要時刻並沒有太多的選擇權。然而現今我所認識的這位八旬老人，每天花大部分的時間在農田裡耕作與處理作物。問他為什麼那麼喜歡去山上，不能在家休息嗎？他會說「不去山上的話就沒事幹」、「種東西好玩啊」、「在家裡很無聊」等原因，從不說是為了要賺錢等經濟因素。vuvu 一輩子作為勞動者，粗糙的肌膚與開過的刀都是過度勞動的身體印記。如今，就算兒女們勸說已不需要勞動而生，可以不必再天天上山工作，他仍每日穿上工作花褲與連身圍裙、腳著雨鞋、頭戴上防曬頭巾，杵著水管作拐杖穿梭於山上。腳比較沒力氣的時候，他的步伐會比較緩慢，但就算如此，在田裡所跨出的每一步都能同時完成許多事情。短短十公尺的路程，他或許會一邊除草、整地、撿拾或

---

[25] 只要是曾對自己表示好感，有來往的男性，都被 vuvu 稱為男朋友。

收成作物；結束工作時，圍裙前方的大口袋會裝滿著沿途撿拾的蝸牛、熟成的豆子與瓜果，或是採收期落單的紅藜與小米穗。vuvu 在田間走路的動機不單只是爲了從 A 點到 B 點的移動，透過足跡、雙手的動作以及身體姿勢的變換，vuvu 的行走與其他田裡的作物共構了新的空間感，而這個行走空間是建構在 vuvu 在生命裡多年累積而成的農耕基礎上。如果換作他人進入同樣的耕地、走同樣的一段路，這個行走空間就會截然不同。

就算在家休息，vuvu 也習慣坐在電視機旁邊一邊處理作物，一邊看電視。手中熟練的動作反覆成爲韻律，可能是撥豆、篩穀，腳邊放著整理好的作物、吐檳榔汁的杯子與補力康。雖不在農田地景中，但是這些動作使 vuvu 與作物形成一個特別的場域，這個場域不管換

蝸牛

lingling，是害蟲，也是食物。

置於任何地點都在表述同樣的身體記憶，只是此刻因伴隨著電視中極具張力的廣告音效而更顯突出。這位老人家的生命痕跡是辛苦、勞累與凌亂的，作物將塵土以及蠅蟲等生物帶入屋中，身體病痛也明顯顯示於動作上。但當 vuvu 把長得特別漂亮的小米粟綁成一束掛在牆壁上，或者是將剛採收仍新鮮豔麗的紅、橘、黃色的藜穗編成花圈戴在頭上時，我們會發現隨時隨地與作物互動的

他展現的是不間斷的身體美學，不管是剝豆子還是編花圈，都是生命韻律中的一部分，有時是平靜地重複一個動作好似冥想，有的時候是活潑而頑皮地展現個性。他生活中與作物所互動的各種樣貌，除了代表著祖先傳承下來的規範，也是他在生命裡每個時刻的安排與選擇，以及他情感上所經歷的痛苦與快樂。

作物的組合與排列

在這塊近一甲[26]的農地上，vuvu 親手耕耘身體所能觸及到的每寸空間。山上的作物多樣性透過物種生長的時序與空間上的安排都是具備層次的，多元素、多功能的農產不僅是為自己而種，也是為了家人、族人以及市場而種。vuvu 的混作邏輯可從經濟面向來解析[27]，而混作田各種作物的種植時間與空間的安排，可以從生長週期與生長模式理解。

---

[26] 這塊農地根據地主產權紀錄，實際大小為一萬兩千平方公尺，一甲是九千七百平方公尺。實際問 vuvu 他耕作多少面積，他的回應通常是「有好幾分喔，可能有七八分有喔！」可見實際耕作面積並不是一個需要被 vuvu 精準掌握的資訊。

[27] 請參考第四章。

表 2　主要作物族語名與生長期

作物名	排灣族語	生長期	種植時間與其他標記
小米/粟	vaqu	3-4 個月	隨時
紅藜	djulis	5-6 個月	秋
花生	paketjaw	4 個月	較常種植於 1 月與 6 月，但時間上彈性極高
樹豆	puk	一年	初春
南瓜	siak	4 個月	冬
毛地瓜/刺薯蕷	vuaq	一年	冬
八月豆/豇豆/長豆	qalizang	5 個月	春
芋頭	vasa:	8 個月	夏；在山下夏末才種植，在山上天氣涼快可以初夏種植。
黃色芋頭	ulivalivai		
紅色芋頭	udjidjilj		
檳榔心芋頭	pinangsi		
南洋芋頭	nangiyu		
頭很多的芋頭	liawliaw		
地瓜	vurasi	4 月個	一年種兩次，時間不一定
檳榔	saviki	多年生	
荖葉	zamul	多年生	

作物名	排灣族語	生長期	種植時間與其他標記
荖藤	cakel	多年生	
假酸漿	ljavilu	多年生	
刺蔥/食茱萸	tjanaq	多年生	
山藥	'a'ilj	8 個月	冬末初春
小萊豆	kuva	一年	冬末初春
刀豆	無		
皇帝豆	kalji	一年	冬末初春
小芥菜	karasina	三個月	冬
莧菜	ljadjulis	野菜皆一季	冬季野菜
紫背草	kamutu		夏季野菜
昭和草	qaudriyudri		夏季野菜
山萵苣	samaq		夏季野菜
龍葵	samci		冬季野菜
本島萵苣	saruni		冬季野菜，會特別留種
菸草	tjamaku		冬季
月桃	ngat	多年生	
辣椒	kamangulj	5 個月	隨時可種
薑	ljameljam	8 個月	
小生薑	tjalangkilj	8 個月	
玉米	pudai	5 個月	
鳳梨	pangudralj	多年生	
甘蔗	alju	多年生	
香蕉	veljevelj	多年生	
木瓜	mu'ka	多年生	vuvu 使用華語音，

作物名	排灣族語	生長期	種植時間與其他標記
			木瓜排灣族語為 katawa
洛神	無	8個月	春
柑橘	tjiyanes	多年生	
百香果	tukisu	多年生	
蝸牛	dingding	夏季多冬季少	

資料來源：作者整理。

族語校訂：Selep/ Sauljaljui 菈露依〆搭福樂安、Panguliyan Ljaljali。

　　vuvu 的混作田裡的作物種類多元，包括穀類（小米、紅藜、玉米）、根莖類（芋頭、地瓜、山藥）、豆類、灌木型作物（洛神花、樹豆、假酸漿）、辛香料（韭菜、蔥、薑、食茱萸、辣椒）、水果（芭蕉、柳橙、釋迦、百香果）、多年生的非食用植物（月桃葉、檳榔、荖葉）以及其他菜（茄、瓜、蘆筍、秋葵）等。通常現代的菜，像是茄子、蘆筍和韭菜等，種植面積和量都不會太多，集中在工寮旁一區菜園種植。主要的田區則是用輪耕、混作的方式種植上述的作物。靠近工寮有一核心田區約半分（600平方公尺）以生長期三至四個月、需要集中管理、體積不是太大的雜糧作物：花生、小米、紅藜輪流種植，一年最多可輪種三次。此區會再分出兩、三塊子區域，不同區域種植不同作物。所以雖然這三種作物前後輪作，但也會在同個時間交錯生長。

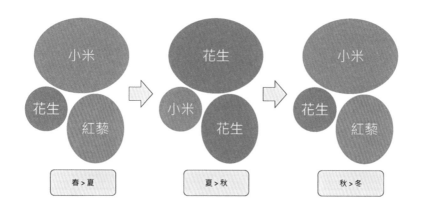

圖 7　輪作模式

圖片來源：作者製作。

　　靠外圍的田區則是分配給需要大面積生長的作物，像是攀爬類藤蔓作物的南瓜和長豆，以及體積較大的灌木作物洛神花、樹豆。南瓜、長豆、皇帝豆等蔬菜也是屬於三、四個月就可以收成的短期作物，洛神花和樹豆則需約八個月至一年才可收成，生長期較長。由於外圍的田區更開闊，種植也較偏粗放，不大需要太過悉心管理草向，因此也多了可以混作的空間。舉例來說，一塊主要種植樹豆的田區，同時也可以在樹冠下空曠的地面種植南瓜以及皇帝豆。抓準樹豆收成期前一個月種植南瓜的話，樹豆期結束後經過疏伐，剛好爲生長期需要最多日照南瓜帶來更多陽光。這裡也能看見本來就一直在地景中的芋頭、野菜和地瓜。不管是核心區域還是外圍區域、混種還是單一種植，都沒有絕對規則。

例如 vuvu 特別喜歡種花生，所以也時常會看到花生被大量種植到
邊界，或是與樹豆一起混作。

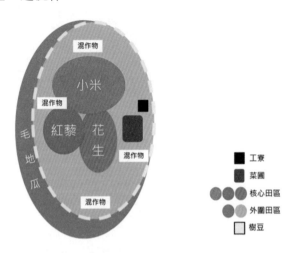

圖 8　混作田區概況

圖片來源：作者製作。

在混作田裡，vuvu 也會利用現有的地景空間讓需要攀爬的植
物生長。例如在樹豆收成過後，不會從根部砍伐植株，而是留下
一些莖幹作為皇帝豆攀爬的支架。較為粗壯的刀豆則會種在樹下
或是廢棄的水泥柱旁，並不會特別搭設棚架。到了冬天，如果田
裡有閒置的空間，他會去買葉菜的種籽種植大面積的菜，通常會
是受部落族人喜愛的小芥菜。這片農田鮮少有閒置的時候，總是
有作物在生長、有田區需要拔草、有地方需要整地…混亂與秩序並
進。

　　雖然 vuvu 的山上物種多樣，不過卻也不適合用一般大眾所理解的「無毒、友善」等標籤來理解。確實，絕大多數的時間 vuvu 並不會特別施肥灑藥。但在人力不足卻需要快速整地種植的時候，便會使用除草劑，這在我研究期間有發生過一次。肥料與農藥只用在種植面積範圍大的經濟作物上，例如南瓜。越是純粹經濟性的作物，越有機會使用對生態不利的化學農藥與肥料。反而在沒有採收急迫性的種植區，因混作田每個作物生長時期都不同，所以 vuvu 會親手在田間去除雜草，而非使用農資材管理草向。施肥則多使用小米的米麩與農作自產的有機質，例如剝完豆子的豆莢或是砍掉的枝條。整體而言，普遍慣行農業習慣使用的農用資材，對 vuvu 來說投資成本太高，是必要時才會花錢購買的輔助。這個部分會在下個章節有更詳細的討論。

垃圾的不存在

　　在 vuvu 的認知裡，垃圾似乎不屬於污穢、骯髒之物，它們只不過是地景中的一部分。在他的山上，種植區裡偶見堆疊在一區的垃圾，像是工作時喝的寶特瓶以及從家裡帶過來的垃圾。它們通常會在田區作物收成整地時，和曬乾的植株與雜草一同燒掉。地景上也殘留著過去不同人類行為的痕跡：圍繞著整塊混作田的水泥柱是之前荖葉園的殘留物，柱子與柱子間固定的鋼索用來吊掛防治鳥害的鋁罐和漁網，還有些已經不管用的灑水設施，例如土地裡破掉的塑膠管沒有被清運。久久也會見到水溝裡有垃圾袋。

有的時候他會把家裡混雜著可分解與不可分解的垃圾拿到山上堆肥，有的時候也會直接在整地時與作物一起燒掉。

　　原來 vuvu 家的垃圾桶裝的不僅是「不可回收物品」，更多時候垃圾桶裡的多是從山上帶回家的有機質。幾乎所有農作物在收成後都經過 vuvu 的雙手整理，例如毛地瓜的根莖表皮上的細毛會先用小刀刮除、豆類的話得將豆莢剝除、蔬菜要將比較爛的葉子丟掉、紅藜則是得親手將穀子從藜穗上揉下來。整理的過程中，去除掉的這些不要的葉子、豆莢、植莖等植物「垃圾」都被丟入垃圾桶裡，並沒有特別區分有機質與非有機質垃圾。也因此，對 vuvu 來說將垃圾桶拿到山上倒掉的行為，其實只是將本來就從山上拿走的東西放回去罷了。

　　但把垃圾往排水溝裡丟就不一樣了。當我表達垃圾會造成環境的污染，叫他別將垃圾袋丟水溝，他表示垃圾會被沖走，看不到，沒有關係。似乎在他的世界觀裡，循環的概念僅存在於混作田的土地上，看不見的河流、海洋並沒有被容納於其中。

四、小結

　　「污染帶來多樣性」，合作也因為歧異而得以發酵（Tsing 2018: 29）。這裡並不是一塊傳統上自給自足的農田，耕作方式也並非都未使用農藥。在田野中，vuvu 的不穩定性總是反覆挑戰著我的道德標準。與此同時，我與 vuvu 極為親密的感情，如同祖孫的關係更讓我時常自問，到底是在研究 vuvu 的田，還是在研究加

入這塊多物種地景中的我自己？我嘗試處於混亂，用混亂的方式理解 vuvu 多物種的農田地景，但偶爾面對除草劑藥劑所造成的過敏反應以及無法成功阻止垃圾丟進水溝時會感到無力且脆弱；在vuvu 叫我將垃圾到倒田裡為茶施肥時，我轉換自己習慣「乾淨」的美感，徒手將混在豆莢、葉菜和檳榔汁中的塑膠垃圾挑起，在那個當下我似乎跳脫了乾淨與髒的二元，眼前只專注在移動不屬於田間的垃圾，以及思考它們在環境中與他者的相對關係。介於觀察與參與之間，介入與同化之間，隨時處於混亂的狀態，是我在田野過程中所得到最深刻的自我思辨。

　　vuvu 的山上吸引人的地方在於，這片看似隨意、毫無秩序並且髒亂的地景，事實上乘載了 vuvu 長達八十年的生命歲月，透過農耕行為轉化並鑲嵌在這片地景空間中，進而滿足他個人的經濟、社會、生理與情感等需求。與此同時，位在台坂村腳下的這塊混作田，甚至作為在地排灣族人可直接獲取食物的農耕地之一，成為部落食物地景中不可缺少的一部分。在看見混亂、身處混亂以及體驗混亂之後，我想還是得透過 vuvu 的生命史，去了解他與食物的關係。vuvu 究竟是為了什麼而種？這當中還有哪些其他行動者在與他對話？在下一章節中，兩個食物將幫我們疏理混亂，指引我們看見他耕種背後所鑲嵌的文化與經濟邏輯。

第三章　混亂的美好生活

小米、芋頭與 muakai，2020.8.23

第四章　食物與家、主權和邊界

第四章　食物與家、主權和邊界

三歲前，我還喝奶的時候，一直體弱生病的媽媽過世了。
那時爸爸在山上採芋頭和蕃薯，鄰居聽到我一直哭鬧，
過來看才發現我媽媽走了，我躺在媽媽的懷裡肚子餓。
姑媽那天和表姑媽正在去賓茂親戚家的路上，那晚抵達
賓茂的姑媽回頭看到台坂墳墓地的山頭有煙。你知道那
種煙嗎？現在年輕人不知道的。那並不是一般的火，而
是像手電筒一樣上下左右閃的鬼火。姑媽知道大概是嫂
嫂走了，趕緊和表姑媽收拾東西趕回家。果然一到家看
到所有人在家裡準備喪事。爸爸之後和後媽媽結婚，就
住在後媽媽的家。姑媽結婚後，我就一個人住在家裡。
我小時候很可憐的，沒有人照顧我。

── muakai 自述母親離世時的故事

　　muakai 的父親是家族長子，身為長女理所當然繼承了父親的
家族名。較為特殊的是，親生母親 kelekele 在 muakai 還是嬰兒的
時候因病過世，父親 puljaljuyan 和部落裡的另一位女子
ljemenljemen 結婚。由於再婚的妻子也是長女，所以婚後
puljaljuyan 便從妻居，留下妹妹 mamavan 以及長女 muakai 在原家。
幾年後，mamavan 結婚搬出家，年僅八歲的 muakai 便開始獨自居
住，並未與爸爸或是家族其他長輩一起居住。平日他與鄰近的表
姑媽 selep 一家人共食，只在週末沒有上學時，才會跟著父親及繼
母去山上工作、一同吃飯。1954 年 muakai 從國民學校畢

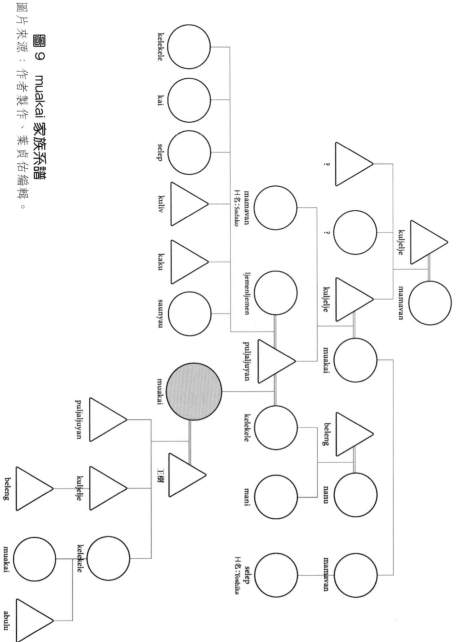

圖 9　muakai 家族系譜

圖片來源：作者製作、葉員佑編輯。

業，台坂族人們跟隨著 maljaljaves 頭目家族從大狗遷村至台坂村，muakai 所繼承的父親的家屋才與繼母的家屋安排在左右兩側。因為居住鄰近的關係，已經成為少女的 muakai 才與父親、繼母以及同父異母的弟妹們就近一起生活。

「那個時候不會覺得（一個人住）怎麼樣，我從來沒有哭也不傷心。是老了才覺得小時候怎麼那麼可憐。我常常問妹妹，為什麼那時媽媽對我不好，爸爸也不照顧我。」某一清晨我與 vuvu 並肩躺在床上，我問他兒時的經歷時，他再次說著我已經聽過許多次的對兒時的感慨。從當代核心家庭的角度去思考，這確實是值得同情且人們普遍不太能接受的狀況。但如果從排灣族「家」的脈絡理解，muakai 的命運不僅不算可憐，相對來說，作為家中老大的他是被祖先與神賦予運氣與力量的。[28]

從現實層面來說，因為只有老大能繼承家屋，下面的弟弟妹妹們在成家後必須要另蓋新居，這當然是一件辛苦且不見得能順利完成的事情。如今我們雖然只能揣測 puljaljuyan 讓年幼的長女獨自居住的真實原因，從家屋（house）做為排灣族人文化中最重要的實體載體的觀點看來，由於再婚的對象也是具有繼承責任的長女，那麼 muakai 勢必就得留在原家，維護自己家族的家屋。

---

[28] 一個人的力量 luqem，來自先天的遺傳，也可由祭儀加強。一個家中的老大被視為祖先挑選之繼承人，所以先天的 luqem 比弟妹更強大。但先天的 luqem 仍要透過後天的努力才能繼續得到祖先的支持（譚昌國 1992:95）。

　　muakai 的生命中雖然沒有親生母親的照顧，繼母也不大親切，但同住在部落裡三個 ina[29]，姑媽 mamavan、阿姨 mani 以及表姑媽 selep 經常照顧自己。muakai 從小在 ina 們家吃飯，與同齡的親戚一同玩樂、上學，也與 ina 一起在山上的工寮過夜。在排灣族的親屬規範中透過 kaka[30]的軸線向旁延伸，透過這套計算方法來「區分禁婚範圍和親屬活動中不同權利義務的責任」（譚昌國 1992:111）。和自己有同個父母的 kaka 為第一代，同個祖父母的 kaka 為第二代，以此類推。一個家族中，到第四代都被認為是「一家人」的範圍；不過有絕對禁止結婚的規範只到第二代，第四代則代表理想的婚姻對象（同上引）。mamavan 以及 mani 的孩子們與 muakai 有同樣的 vuvu（祖父母），這些 kaka 們是可視為出自同一父母的近親關係。排灣族的親屬倫理觀念確保家的延續，也透過日常中家人之間的共享與互助組織鞏固並擴展「家」的範圍。

一、食物與家

pinuljacengan 與 cinavu

　　雖然父親是一個嚴厲的人，但小時候的 muakai 並不覺得自己過得比別人更辛苦。童年許多回憶多是每天上學途中與朋友們在

---

[29] 排灣族語母親、姑姨稱作 kina 或 ina。
[30] 排灣族語兄弟姊妹稱作 kaka。

山中玩耍、將藤蔓做成鞦韆玩樂的記憶。上學的日子他都在 ina 們家吃飯，早上出門時去姑媽 mamavan 家拿蕃薯芋頭做午餐，下課後會先在表姑媽 selep 家一起吃 pinuljacengan 才回家睡覺，沒有上課的日子則會去阿姨 mani 家和 kaka 們玩樂。

pinuljacengan 是將小米、蕎麥、旱稻、紅藜做為基底，再加入當季時令的豆類與野菜，一起在大鐵鍋裡燉煮的粥狀食物，pinu 是加入之意，ljacen 則是菜。「有加菜」的 pinuljacengan 是部落裡最普遍的食物，用餐的方式是一家人圍著鍋子，直接用木匙從鍋裡舀入口。以前日常飲食就是蒸煮的芋頭與蕃薯、生薑為基底的菜湯與 pinuljacengan。

排灣族人以「家」為基本，每個家的延續透過長嗣繼承制度，稱作「原家」，老大下面的弟妹結婚生子後，就必須成立新的家，為「分家」的概念。muakai 的家為非典型家庭，喪母之後，父親再婚入贅到另一家族，自小獨自生活並繼承爸爸的家名、家屋。對年幼的 muakai 來說，家族裡的親戚是生命中最為親密的家人。譚昌國（1992）指出排灣族家的觀念有家族認同與家族運作的兩種意義：

> vuvu 在群體成員身份的認定，成員對群體的認同，即群體構成的層面上具支配性；kaka 則在群體實際的活動中對選擇群體成員，造成群體成員的接續性連結和互助共享，及群體運作的層面上，有支配性。vuvu 強調延續，kaka 則強調擴展，一個社會人處於 vuvu 和 kaka 的關係

網絡中，一方面要延續自己的生命，一方面要擴展自己
的關係，同時達成社會的延續和擴展。（譚昌國 1992:
117）

所以雖然 muakai 的姑媽 mamavan（父親的妹妹）在婚後搬離
原家，姨媽 mani（母親的姊姊）也繼承了母親那邊的家族的家屋
與家名，但對 mamavan 和 mani 而言，他們 kaka（兄弟姊妹）的
孩子 muakai 與自己的孩子擁有相同的 vuvu（祖父母），也就是都
來自同一個子宮、具有互助義務的近親。也因此，muakai 在成長
過程中深受他的 ina 們的照顧，並不是因為 puljaljuyan 請託自己的
姐妹，而是因為他們本是一家人。從小與 kaka 們圍坐在鍋子旁邊
一起吃同一鍋 pinuljacengan 所建立的親密感，也延續到往後
muakai 與家人的互動，他與表親戚們不僅有更親密的互動，也會
更主動照顧他們的後代，反而對同父異母的弟妹們互動沒特別親
密。也因此，雖同父異母的弟妹們在血緣上為更親近的家人，但
muakai 情感上是與表親戚們更要好些。

不用上學的時候，muakai 有時到阿姨家玩樂，有時與父母親
在山上工作，一邊幫忙一邊學習農事。那時山田燒墾的輪耕混作
方式與日人於《番族慣習調查報告》所紀錄[31]的排灣族農耕行為無
太大差異：在選好要耕作的土地後，會先將土地上的雜樹砍下整

---

[31]「本族之地連續耕作三、四年而地力耗盡，嗣後即便為休耕地而任雜草叢生⋯
數年之後，待地力恢復，再代木除草，開墾耕作。通常分三期農作，每年更換
作四物，地力耗盡後尚有一農作。例如：初年為芋（少量花生、藜），次年為
粟（少量稗、藜、樹豆、小豆等），若土地上肥沃，第三年可再種粟，第年為
蕃薯」（臺灣總督府臨時臺灣舊慣調查會 2004a:307）。

理，燒墾整地後，這塊田便開始進入二到三年的種植期，而後是大約五年的休耕養地。待地力恢復後，再回來重新整地耕種。以前同時耕作的土地非常多，雖然輪作與混種沒有嚴格的規定，但大致可以從飲食中主食與副食的物種比例為標準：一塊田開墾後會先種下主食小米、芋頭或是蕃薯，每個家族必須確保穀倉裡主食的量足夠一家人一整年食用。主食並不同時混種，例如小米收成後才種下芋頭或蕃薯。時常與小米一起燉煮的雜糧，稗、旱稻、藜、花生和長豆等則會少量地混種於田中。田的邊界空間會種植較佔空間的樹豆作為劃分區塊的標記，至於其他豆類與雜菜則會種於主食的外圍，種植空間與時序的安排以物種生長特性、不同田區的地景以及種子的數量等不同因素而異。

雖說父親是非常勤快工作的人，很多工作仍是需要人手幫忙，一個人是做不來的，例如小米發芽期需手工疏苗、拔草，收成時也須要人幫忙一次性將所有的小米穗收割、日曬。透過換工制度（maljayu）可以解決這個問題。由於每戶人家進行的工作大同小異，所以換工團體內的成員義務輪流到彼此家裡工作，並不需支付額外報酬，唯有主人家會在工作時提供 cinavu──一包有肉的小米粽──給前來幫忙的人果腹，以表示誠意與感謝。

cinavu 排灣語的意思為「葉子包著」，由於裡面必定會包著稀有的豬肉，在以前是被視為非常美味的食物。雖然這麼形容好似 cinavu 特別珍稀，不過由於以前族人們一起工作的頻率很高，

從蓋屋到農耕，一週內可能有四天時間都與族人一起在不同人家工作，所以實際上 cinavu 的美味是日常就能品嘗到的。

　　相較於 pinuljacengan 是一家人在家裡定點共食，cinavu 則是流動於各個家之間的食物。雖說製作的方式都是將生的小米與豬肉用葉子包成粽，但就算食材都差不多，每家仍有屬於自己的口味，族人彼此是能分辨得出來的。也因為是換工時主人家為表達誠意所做的食物，所以 cinavu 如果做得不好吃會有失面子。普遍來說台坂部落的族人認為 cinavu 一定得包豬肉才好吃，肉的油與鹹味會使得小米的味道更香，再搭配打碎的花生或是豆子會更有層次，如果是有放藤心或是虎頭蜂蛹的，那麼來換工的人在工作時會更開心，以後也更樂意來幫忙。[32]

　　除了特殊的 cinavu，人們的日常飲食不外乎就是湯、煮熟的根莖食物與 pinuljacengan，烹調食材的方式皆為炊煮與燉煮。儘管食物的呈現單純，但在大狗部落時期的台坂族人物產豐饒，就算較為窮困的族人也都不至於沒有東西吃：「獨自養孩子的寡婦會跟我爸爸要食物，爸爸會讓他自己去山上撿地瓜、芋頭，也不會說可以拿多少，反正都沒有關係。我爸爸很勤勞，種比較多」。

---

[32] 非換工時，族人在山上工作會以蒸好的蕃薯、芋頭簡單果腹。如果是需要過夜或者要去路途較遠的地方，則會做方便攜帶的 ljinamec，這是以菜和豆類一起蒸煮的小米糰子，以大片葉子包起方便攜帶。製作的方式是將長豆、樹豆、切成絲的南瓜以及比較不會爛掉的各種野菜在木桶裡和小米一起炊煮，最後依照吃的人的食量將小米包成一顆顆球狀糰，食材的選擇以及炊煮的方式是為了讓它在室溫下不那麼容易酸掉。現今的台坂部落族人只有在婚喪喜慶的席宴中吃 ljinamec/remames，現在的族人用糯米取代小米，並加入絞肉、芹菜、紅蘿蔔等食材。

muakai 父親所種的食物除了自家人食用、偶爾分給窮苦可憐的人，每年收穫小米、芋頭、豆類、花生等作物，也都要取其中一部分給頭目，依照收穫的量，小米以袋、芋頭以籃、豆類則是曬乾後以碗爲單位繳交。回到排灣族部落和家的文化概念，部落範圍內的所有物都屬於老大，頭目作爲一家之長就有照顧所有子民的責任。根據譚昌國（1992）在台坂部落的調查，每年每家收穫剩餘的徵收叫做 saja，徵收的比例以 1/10 至 1/100 間。頭目會將搜集的 saja 再次分配出去，部分作爲巫師祭司們的報酬、部分於收穫祭時做成酒與 avai 讓族人於頭目家飲宴，最後剩下的則分配給救濟部落裡貧窮孤寡的人家。[33]

賺錢

搬到山下後，金錢在 muakai 的生命中有了份量：

每天都在山上工作，晚上還要一個人住在工寮顧田。後媽媽賣小米手上拿著一整疊鈔票那麼厚，但是就只給我買一件八塊錢的內褲！都沒有分我。所以我就跟姑媽 mamavan 說我要自己種花生，姑媽的地讓我種。姑媽對我很好，花生賣八十塊就分我五十塊、賣五十塊會分我三十塊。所以我才可以存錢買裁縫機、幫家裡買鍋子啊。

---

[33] 「本族地主每年均向耕作其土地者收取收穫之一部分以爲地租，即收取米、粟、芋等。此稱爲 qazilj 或 calja…今譯爲農租（臺灣總督府臨時臺灣舊慣調查會 2004b:233）。

　　隨著中華民國政府來台後所推動的「山地平地化」三大運動[34]，台坂部落於 1954 年遷址到台坂國民小學下方，成為最後搬入台坂聚落的部落。十三歲的 muakai 住在父親蓋的小鐵皮屋裡，並且開始跟父母親一起在山上耕作。這個時期開始，部落與外界聯繫更為方便，族人開始將多餘的花生、小米賣給漢人。此時期政府實施定耕農業政策並鼓勵山地區域發展農業經濟，父親種植範圍變得更大了，除在台坂村附近就近整理新的土地，也每天往返舊部落照顧山上的田地。除了花生與小米，父親也開始種植漢人所需的瓊麻以及作豬飼料的虎爪豆。兩地自然與氣候環境的不同，適合種的物種也不大一樣。例如舊部落山上種的花生又大又飽滿，小米田的鳥害也不多；而位於海拔較低的台坂村適合種植喜歡乾燥炎熱的樹豆。

　　由於花生既好種植、賣得價錢也很好，父親特別留了三、四塊用來專門種植花生的田地，每次收成都能賣出五、六十包。[35]至於以前大狗時期種植數量較少的樹豆也增量了，台坂地區的樹豆

---

[34] 山地三大運動為「山地人民生活改進運動」、「獎勵山地實施定耕農業」以及「獎勵山地育苗及造林」。雖然日治時期日人也鼓勵各地區原住民族人投入定耕農業，但並沒有積極推行，中華民國政府於民國四十三年強制規定實施定耕農業，透過村民大會或者集會加強宣導並給予評定獎勵（顏愛靜、楊國柱 2004:285）。

[35] 周選妹（2010）所撰「台東縣達仁鄉農產生產量表」中紀錄到，中華民國政府來台後小米產量逐年下降，但花生的產量從 1951 年的 185 公頃增加至 1963 年的 438 公頃，這與 muakai 少女時期年份相符。此外，根據屏東排灣族士文村為例，1933 年至 1966 年期間，該部落小米與陸稻種植面積減少至原來的 1/10，芋頭則縮減近半，反倒是花生的種植面積增加近十倍，其中與漢人交易收入佔其中絕大比例（顏愛靜 2004:406）。

蟲害少而且長得好，甚至連屏東的排灣族人都會特地來台坂收購，這個情況至今仍然存在。muakai 的青少女時期（1954 至 1961 年），部落自給自足的耕作模式開始有了很大的轉變，muakai 記得族人們除了種植傳統的作物，也種植賣給漢人的農作物。像是本來就受到漢人喜愛的小米與花生，以及地方政府所推行的瓊麻、香茅與木薯（周選妹 2010）。

　　將鐵皮小屋佈置成一個完整的家，是少女 muakai 努力工作賺錢的動力：「搬到台坂後，爸爸為我蓋了一個小鐵皮房子，裡面什麼都沒有。我就希望可以讓家更好一些，夢想有一個完整的房子，裡面有傢俱可以放東西。」十七歲時，為了向鄰居買一個六百元的二手木製衣櫃，muakai 到大溪村的雜貨店工作一段時間。漢人夫妻經營的雜貨店也賣麵，生意很好，他一天得來回溪邊挑水數十趟。雜貨店的工作工資是一個月一百塊，muakai 很快就賺到所需的錢。然而家裏農事繁忙，在收成時期少一個人可不行，父親特別請與自己更親密的姑媽到大溪說服回部落幫忙。回到部落的 muakai 買下了衣櫃，便更有動力賺錢了，因此在家族的田工作之餘，還另外和姑媽 mamavan 一起合作種花生。直到結婚前，muakai 已經添增了縫紉機、鏡子、桌椅、鍋子等傢俱。

　　1961 年，新婚的 muakai 隨著先生搬到南部。[36]六零年代台灣經濟快速發展，他一邊照顧孩子，一邊講著不流利的台語在台南、

---

[36] 這個經歷其實也是一段經濟驅使的過程：由於先生在結婚後馬上隨著軍營調離大溪至台南，本來 muakai 並未一起過去，是在生下長子後一直未見先生拿錢回家，才決定親自去找先生了解狀況。到了南部得知先生因為打麻將的關係，

高雄從事各式各樣的工作，包括了幫傭、家庭代工、學校廚房、農場、豬肉加工廠與金紙工廠等。還有一段時期與先生一起在港口賣自己做的包子、饅頭、肉粽與刈包等點心。努力工作就是希望孩子們都有讀好書，也讓他們去補習班學一技之長。先生過世後，離開部落三十餘年的 muakai 在 1996 年回到台坂部落，重新說著母語，並再次拿起農具耕作。

相較於兒時因為規範而農耕、中年為了養家與生存勞動，對進入老年的 muakai 來說，生存的壓力與養家的責任已經減輕許多。此時此刻的種植不僅是部分經濟收入來源，更多時候更是一件有趣好玩，可以自由安排的事。當然，台坂部落的社會型態也和過去不同。就如大部分的原住民部落與農村在戰後所經歷的情況類似，許多族人離開家鄉到外地工作生活，而留下的族人多半從事勞動工作或是在鄰近的鄉鎮就業。在這樣的情境下，當代族人與食物與農田的關係是什麼？重新開始農耕的 muakai 的混作田之於部落又是什麼樣的存在？

二、食物與主權

從都市返鄉的 muakai 如今已經回到部落二十多個年頭，這些年來他主要的收入全來自於土地。他剛搬回來時，養雞也種芒果，

才沒有如預期拿錢回家，這才決定與長子留下並開始在都市工作。muakai 坦言，雖然先生對孩子們疼愛有加，但與先生的相處是到許多年後才開始變得親密。

不過近十年來，主要收入來自每年的造林補助以及混作田的農作販賣。muakai 說，九零年代剛回部落時還有許多族人在務農，因此種小米仍能透過換工模式耕作，主人家不需支付工資，僅需提供來幫忙的人飯與酒水。這樣的情況維持約至 2000 年。在那之後務農的人越來越少，換工的模式逐漸式微。如今，就算是請親弟弟去田裡幫忙拔小米草也要付工資。

在經歷過人生起落與各種拼搏後，七十多歲的 muakai 才開始耕耘這塊部落下方的廢棄荖葉田。作爲部落內主要的食物生產者，雖然口頭上說是沒有規範的「隨意種」，但透過 muakai 的生命經歷我們能明白，在表面混亂的農田地景背後有著深刻的文化脈絡，這使得他的混作田突然重要了起來。出自於部落土地的食材所建構的味道照顧了族人日常的飲食需求，尤其是常見於排灣族社會中的食物。流散於各地的排灣族人透過這些生長於部落土地的食物實踐文化認同，排灣性得以跨地域性地被建構與延續。

掌握自己想吃，並且讓味道不間斷地傳承，對於文化主權而言是極具意義與力量的。張瑋琦〈幽微的抵抗〉（2011）研究馬太鞍[37]濕地阿美族人飲食系統的變遷，馬太鞍族人孕育於濕地生態的在地食物系統因爲資本主義發展以及工業化農業技術的引進造成斷裂，當代族人期待透過原住民風味餐嘗試再造並重建在地飲食文化與地方生態。然而，眾多行動因未跳脫資本主義的邏輯與想像，風味餐作爲觀光產業中以量值爲重的消費性商品大多欠缺

---

[37] 馬太鞍部落位於花蓮縣光復鄉。馬太鞍爲阿美族語樹豆（fata'an）之意，傳族人遷移時發現此地長滿樹豆，因此取名爲 fata'an。

在地脈絡。張瑋琦認爲地方領袖應該賦權濕地農民之耕作技能，使濕地農耕方式與食物不僅具備觀光價值，也同時照顧到當地人食物取得之便利性、耕作地之保障以及文化實踐之主權（同上引）。該論述裡的主權，與 2007 年國際農民運動網路「農民之路」[38] 在馬利的 Nyéléni 村發表的食物主權宣言非常接近：「食物主權是人們有取得（access）永續生產、友善生態、並且文化適當的健康食物之人權，更有定義自身食農系統之權力。」[39]（Patel 2009）對此，ti vuvu i muakai 以及他的混作田或許可以作爲典範。以下透過搖搖飯與 cinavu 兩種食物的爬梳，從部落內到部落外的排灣飲食習慣，都可以看見排灣族文化中食物主權的樣貌。

搖搖飯

　　就取得食物便利度而言，如同其他偏遠的村落，台坂部落離大型市場和商店有段距離，但其實村子裡的兩三家小雜貨鋪就足夠支撐部落廚房所需的大部分備品。如果眞有需要什麼村裡沒有的物資，老人會請每天出外上班工作的晚輩採購。像是早餐想吃豆漿肉包或是得買五花肉時，就去山下的大溪村的菜市場，需要買麵包或是大瓶裝的油品，就去車程距離約十五分鐘外的大武、太麻里鎮上的連鎖超市。vuvu 家的廚房放著兩個冰箱、二口瓦斯爐以及爐子旁老舊卻很乾淨的不銹鋼料理台。廚房內最常使用的

---

[38] La Campesina。
[39] 原文請見附錄。

調味料包括米酒、醬油、蠔油等，豆腐乳與各式罐頭像醬瓜、筍絲及麵筋也是常備食品。

就像許多人家一樣，冰箱冷凍庫深處總有放了太久的食物，但同時也存放著一包包當季採收的豆子、花生，以及還沒賣完的小米與紅藜。這些都反應在 vuvu 的日常餐桌上。vuvu 和兒子與媳婦同住，平時是媳婦煮飯居多。乍看之下，媳婦所準備的家常菜與漢人餐桌上的無太大差異，可能會是滷肉、煎魚、番茄炒蛋和燙青菜，如果沒有時間準備就會吃稀飯配罐頭，冬天的餐桌上則常出現一大鍋加了蔬菜與丸子的火鍋湯配飯。

八十歲的 vuvu 胃口其實不大。在與這家人共食的時間，我作為年輕人自然會被交代要「多吃一點」或是「把東西吃完」，不需客氣。但有一道菜卻是專屬於 vuvu，並且幾乎餐餐會出現的：那就是湯。而且這湯是專門為老人家準備的，偶爾桌上已經有了例如薑絲魚湯、蛋花湯，但旁邊仍會放一小鍋通常深棕色、看不大透的湯。家人們甚至會跟我交代這湯是 vuvu 喝的，先別喝。湯的料理方式都差不多，其實就是用當季時令 vuvu 山上的菜、豆同薑一起熬煮的菜湯。有的時候或許與豬骨一起燉煮，但只用鹽巴調味，這樣的味道和煮法和過去住在舊部落時期經常會喝到的湯是一致的。吃飯時，vuvu 總會先裝一碗湯，喝完才吃幾口菜、幾口飯，似乎對他而言，這碗加了野菜和豆類煮成的褐色的「vuvu 喝的湯」才是日常飲食中的主角。

　　對 vuvu 個人來說，這碗小時候並不太喜歡喝的這種放了許多菜的湯，年老時反而變成了日常飲食的必要風味。就他的印象，父親也喜歡喝這種湯，但當時自己則是更偏愛用茅草包起、有一點點肉的紅藜餅 ljinepa。除了湯以外，另一個從以前到現在都深受許多族人的喜愛的傳統食物是現今在村子裡，仍能看見人們坐在家門前圍著鍋子、一起共食的搖搖飯。

搖搖飯

搖搖飯要從鍋邊開始吃，每個人在靠近自己的鍋邊放上自己的配料，像是重口味的豆腐乳和滷肉。靠近鏡頭是我的手，右手邊是 muakai 的手，遠方是 muakai 的弟媳。

　　搖搖飯或是山地飯，就是以前族人天天吃的 pinuljacengan「有加菜」的華語名稱。即便如今部落已受到外在經濟、社會與環境的影響而有很大的變化，搖搖飯仍是台坂族人經常煮食的傳統菜色。相較於在家裡面餐桌上的湯、稀飯或番茄炒蛋，時常是一邊吃一邊搭配著電視，吃搖搖飯的習慣和過去一樣，大家圍坐在大鐵鍋周圍，一口口從鍋邊舀著吃。我在田野期間跟著 vuvu 吃了不少搖搖飯，頻繁時一週內就能吃上兩、三次。不僅在自己家裡煮，在路過 vuvu 弟弟、妹妹的家時，只要他們正在家門口吃搖搖飯，便會招呼我們「kanu！」，一起吃飯吧！就連週間早上去學校上課，部落社區文化健康站的廚房也會煮給老人家們當作午餐。

　　如今家家戶戶使用瓦斯煮飯，料理搖搖飯又更為簡單快速了，先將生米和適當的水與些許沙拉油放進大炒鍋中以大火煮開後，再加入菜與豆類一起燉煮至米與菜皆軟爛，口感呈現扎實的稠狀，不用半小時一大鍋的菜飯粥便完成了。在吃的時候還要在鍋邊放上幾塊醬醃生薑、滷肉或是豆腐乳等口味較重的小菜加味。或許今天的搖搖飯多使用白米取代以前的主食小米，已經和過去的 pinuljacengan 很不一樣，另外也多了重鹹味的配菜，但是，一鍋搖搖飯煮得好不好吃，關鍵仍是裡面加了什麼菜。畢竟搖搖飯本來就不添加任何調味（包括鹽巴也不加），煮爛成粥狀的白米本來口味就清淡，所以它的風味重點在於加入了什麼菜。

　　那麼要加什麼菜才是對的呢？當我這樣問 vuvu，他回：「什麼都可以加啊！」。確實，在過去整個部落的族人餐餐都吃 pinuljacengan 的時代，家裡的婦女會將當下田裡有種的菜、豆和小米、蕎麥與藜放在一起燉煮。vuvu 說，小時候家裡有太多人要吃飯，時常一鍋搖搖飯還不夠吃，媽媽還得再去煮第二鍋。搖搖飯是最方便快速的料理方式，時常一天中餐晚餐都吃。當時糧食更為珍貴，所以小米和其他穀類不會放太多，反而是以菜為主體（這也是為什麼 vuvu 會說以前的搖搖飯都是菜，他小時候不愛吃）。所以雖然字義上「有加菜」的 pinuljacengan 搖搖飯是沒有規定僅能放什麼菜，但其實搖搖飯要煮得「好吃」仍需使用對的材料，這是邀請我共食的部落長輩們都認同的事情，尤其當他們向我一再強調搖搖飯的味道只有在部落裡吃得到，甚至認為外人可能會吃不習慣這個味道。

　　搖搖飯裡面常見的菜與豆類等食材，都是被長輩稱為「我們原住民吃的菜」和「山上才有種的菜」，是在漢人經營的菜市場買不到的。其中絕大多數的葉菜被大眾作為野菜來理解，意指野生採集，沒有農業經濟價值的菜：像是 samaq（山萵苣）、sameci（龍葵）、kamudo（紫背草）、qaudriyudri（昭和草）等。不過這些菜雖然歸類為「野」，但事實上當生長季節一到，vuvu 透過整地與耕種其他重要作物（例如：花生、紅藜、南瓜）的過程中，有意識地在他的混作田裡培育且栽種這些野菜，例如在除雜草時將其留下，或者在野菜生長結束時期特別將開了花乾枯的菜收成一束保留起來，以便未來播種之需。夏天田裡的山萵苣居多，剩

下的葉菜則生長於涼爽的秋冬季。vuvu 總在農事步伐中彎腰順手將隨地生長的野菜之嫩葉用指間或小刀捻起，集中放在圍裙口袋裡。除了野菜，也會使用經濟型的葉菜像是 karasina（小芥菜）和saruni（本島萵苣），這些菜 vuvu 會在秋季時特地去農藥行採購種子，並特別整地、鬆土出一塊種植區。小芥菜與本島萵苣的葉子大而翠綠，含水量高並且口感脆嫩，山萵苣、龍葵等野菜則較多纖維，本身的顏色也屬深綠、紫色，不管是買種子種植的葉菜還是被保留下的野菜，兩者的共同點是吃起來都有顯著的苦味，不過就 vuvu 以及其他老人喜歡的味道來說，野菜的風味通常更勝一籌。

另一個搖搖飯裡的主角就是豆類：包括 puk（樹豆）、galji（皇帝豆）、刀豆、kuva（小萊豆）與 qalizang（長豆）。豆類不像野菜每個季節會自己從田裡四處冒出芽，所以在每次收成時vuvu 會特地將漂亮的種子保存起來，並且選擇田地中適合的地點種植。夏季的皇帝豆、秋季的刀豆與冬季的小萊豆會種在能挨著直立攀爬的地方，例如廢棄芋葉園的水泥柱旁或是不被重視的樹旁邊。這些必須得向上攀爬生長的豆類種植限制於田地地景中廢棄或不被利用的結構，所以收成期的數量通常約略數十包夾鏈袋，不算太多。樹豆和長豆則是會需要特別除草、整地種植的豆類。夏天種植的長豆，族人通常只吃豆仁不吃外皮，它生長型態類似於南瓜會大面積攀爬覆蓋整個地表面，且從種植到收成只需要三至四個月。生長期接近一整年的樹豆則被種在農田邊界地帶，以免其高大的體積影響到其他作物的生長。這兩種豆類極受到族人

的喜愛，每到收成期人們會買帶著豆莢的豆子回家自己去皮剝豆。相較於過去的豆類必須曬乾儲存在加入草木灰的甕內，要烹煮之前還得浸泡數小時才煮得透，現在族人們喜歡將新鮮的豆仁裝進夾鏈袋裡，一次存放好幾包在冰箱冷凍庫以確保生豆新鮮，要煮的時候川燙即熟，烹飪上既便利又快速。最後，除了茱與豆類，其他種類的食材例如芋頭、毛地瓜、supi（芋梗）、南瓜心和刺蔥等都是族人們喜愛的味道。搖搖飯的風味取決於加了什麼茱，我在台坂部落 vuvu 家，以及他的親朋好友家所吃到的搖搖飯通常以野茱與豆類爲主，有時也會加刺蔥帶入獨特的香氣。

　　搖搖飯作爲排灣族人過去最普遍的日常食物，每個地區也會因應地域性而有不同的地方風味。但對於邀請我一起在家門口共食的台坂老人們而言，搖搖飯裡加入的茱和兒時家中 ina 所放的茱是相同的，好吃的味道是從過去一直傳承至今，沒有斷續。族人們在當代仍可以煮出自己喜歡的味道，與過去在舊部落時期習慣相同，不間斷地圍坐一塊實踐文化，這象徵了在地食物系統仍保有一定程度的韌性。vuvu 將從小所熟悉的味覺透過有意識地田間管理與種植鑲嵌至他的混作田中，搖搖飯裡所需的食材全都能在他的混作田裡找到。透過遙遙飯，我們能理解 vuvu 的耕種行爲不僅照顧了族人的食物需求，更讓屬於自己部落的獨特味道得以延續下去。

　　ti vuvu i muakai 是台坂部落行走的茱市場。每當時節一到，族人們便會出現在家門口或是跑到文健站找他買茱，從盛產時節

供不應求的豆類，到一般菜市場也買得到的蔥與韭菜。不過作為在地主要的農作物生產者，vuvu 雖然會透過部落雜貨店或是直接與消費者交易賣菜，但同時他也經常送菜。他對於田裡許多作物並不抱有經濟性的期待：「我種東西有沒有賺錢沒關係！很多菜常常都是送人送掉呀，沒賺什麼錢。」不管是家人、住在村子裡的親戚、來拜訪的客人，或者是部落有喪家還是有人生病，vuvu 一定會特地去田裡收一些當季的菜送給對方。現在部落的族人多半在外地工作生活並且有更多元的飲食習慣，雖然不是每餐都是與家人一起共食，但 vuvu 仍透過送菜的行為維繫親屬關係。如果食物透過共享以及交換得以在部落內流動，那麼移居到外地生活的族人呢？

cinavu

如前面所述，cinavu 是過去排灣族人們在換工時主人家向來幫忙的人表示感謝所準備的食物。雖然現今換工模式在台坂部落已經式微，但排灣族人仍在日常生活中透過 cinavu 的交換與分享來維繫族人之間的情感，同時 cinavu 也作為一個媒介，將家與部落的認同與傳遞給流散至外地的族人。和過去僅作為換工食物不同，如今 cinavu 是想吃隨時可以做的食物。不過比起半小時就能料理起鍋的搖搖飯，cinavu 確實是必須投入一些時間與心力製作，而且口味也隨著現在飲食的改變而有了許多變化。

　　vuvu 家平常會做的糯米包五花肉與花生的 cinavu 是現在常見的作法，其製作過程從準備、包、煮需要花上數小時。雖然製作工序需要大量的時間，但作法並不複雜。首先將採集好的月桃葉洗淨並川燙、晾乾，假酸漿葉則需新鮮採集；如果要加花生，得在前一天就先泡水。製作當天一早買好新鮮的豬五花，切塊洗淨後用鹽調味醃漬，花生拌入事先浸泡數了小時的糯米裡。vuvu 的私房做法是在米中拌入油蔥酥、少許鹽和香油調味。除了基本的材料，也會視時節與當下家裏有什麼樣的材料加料。我在 vuvu 家就分別吃有包虎頭蜂蛹、藤心以及長豆的 cinavu。

日常餐桌

疊在一起的 cinavu，每粒約 20x8 公分。大家說老人家包的 cinavu
總是特別大。

材料準備好後，再依序將月桃葉、假酸漿葉、糯米飯、肉與
餡料依序擺放好，最後再將底層的月桃葉包起並用麻線繩或塑膠
繩捆綁成長條狀，20 公分長，7、8 公分寬，這樣的大小是屬偏大
的 cinavu。煮的方式也多是用柴燒滾水煮熟，一次將二、三十顆
左右的 cinavu 全放入大鐵鍋內，並在上方鋪上一層月桃葉以防水
蒸氣蒸散得太快，最後才蓋上鍋蓋，待水滾沸後再維持小滾的程

度煮一至兩個小時。vuvu 對於自己家 cinavu 的味道很有自信，豬五花肉的調味要夠鹹，油脂在水煮的過程中要可以包覆糯米，而且一定要包大的，「這樣吃起來才夠、才過癮」vuvu 這麼說。

　　vuvu 做 cinavu 是社會性的行為。雖說現在主要的材料（糯米、五花肉和花生）取得便利且便宜，但許多食材仍須親友幫忙準備，例如山上野生的月桃葉需要請有力氣的年輕人採集。能大大提升cinavu 美味程度的虎頭蜂蛹或是藤心，則須向有豐富山林經驗的族人購買。同時，在日常耕作中就得隨時確保山上的假酸漿樹有定期修剪，才有嫩葉可以採集使用；必要時也要重新耕種，畢竟它是 cinavu 裡面最關鍵的食材之一。許多族人在材料準備不足的情況下，也會直接找 vuvu 購買假酸漿葉。

　　cinavu 的製作也是性別分工後的產出。雖然包粽以及烹煮主要是女性的工作，但長時間煮 cinavu 所需的大量木柴則是男性的工作。排灣族部落裡每戶人家屋外都備有曬乾的木柴，家族中的男性必須隨時確保家裡有可以用的柴薪。傳統排灣族社會的性別分工主要是以體力與安全為主要區分考量，許多家事方面的工作例如炊事、照料小孩等皆可共同擔任（石磊 1971:126）。而在過去，撿柴是在眾多工作中較為輕鬆的勞力活，所以屬女性工作的範疇；開墾、狩獵、捕魚及貿易則是屬男性範疇。當代經濟生產模式有所不同，且 vuvu 家人力有限難以評估性別分工的變遷，不過以 cinavu 為例，男性仍負責相較之下更需體力的工作例如準備柴薪，女性則負責家中不大需要體力的工作例如包粽。

　　cinavu 是分享的食物。在過去 cinavu 透過換工的方式流動於各個家屋，現在則是透過送禮的方式流動於排灣族人之間，很多時候不僅限於一個部落，而是跨部落的交換。在 vuvu 家餐桌上的 cinavu 一定是別人分送或者是自家分送完後剩餘留下的。沒有人會做 cinavu 而不與他人分享。

　　禮物所創造的連結與關係是人類學研究的經典題目。以勞換食的非經濟性互惠關係透過換工團體長期的相互配合，cinavu 也作為換工答謝之報酬交換於團體成員家族之間。由於換工團體通常是以親族所組成，這象徵著食物並未離開一個家，反而一直在其中流動與轉換。這個過程中 cinavu 成為大家熱衷的話題之一，哪家的口味特別好，哪家特別吝嗇包的料不實在。就如初布蘭島民時常熱議著庫拉圈交換的小道消息與八卦（Malinowski 1922）。某種程度來說，小道消息的傳播範圍可以理解為食物的分享範圍。但當代 cinavu 的分享不一定得透過換工，這樣看似自由的送禮背後是否有新的規則與意義？[40]

　　對許多移居外地的排灣族人來說，或許已沒有像過去換工時期有能分辨出各家 cinavu 的能力，但人們心中仍有一種口味是最為熟悉，是一吃進口就能聯想到家與部落的味道。為了更能完整

---

[40] 閻雲翔於《禮物的流動》（2017:132）中深刻描繪人情如何作為中國人的社會交換體系中最核心：人情不僅代表著感情，也是社會規範與道德義務，可作為資源相互交換之餘，人情的累積也代表著擁有者的關係網絡與規模。在禮物交換的過程中，餽贈過程必須合乎道德倫理，是細膩的交換過程。由於研究時間之限制，我無法太過著墨於當代排灣族人 cinavu 贈送的規範與原則，但本章節所記錄之排灣族人的 cinavu 經驗仍透露一些訊息。

建構 cinavu 對於當代族人的飲食意義，我訪問了兩位排灣族友人，試圖透過他們的飲食經驗去理解 cinavu。兩位朋友皆爲台東的排灣族人，並且都有在家包 cinavu 的習慣。Panguliyan Ljaljali 來自 kadraluljan（新園）部落，曾在外地求學而後返鄉，是部落內少數能與年長的耆老用族語溝通的三十世代青年。Selep/ Sauljaljui 菈露依・搭福樂安爲五十世代婦女，也是位族語老師，平日居住於台東市區，每週會回金峰鄉探望母親。Selep 的孩子在外地生活。

　　爲了方便理解，我將與兩位排灣族受訪者的對話整理爲逐字稿：

> 每個人喜歡的 cinavu 口味真的都很不一樣。vuvu 都會依照小孩子的喜好包他們喜歡的口味，像是我表弟就喜歡吃包秋刀魚的，我表妹喜歡包排骨，我自己是喜歡五花肉。我自己做的是用糯米，裡面通常就放花生和肉。花生得前一晚先泡好，要煮的時候再和糯米拌在一起，如果有 kavadiyan，一種像紅豆的豆子，我也會放在一起煮。我包的 cinavu 的大小大概是手掌心大，畢竟 cinavu 的糯米比較難消化，不能吃太多。老人家比較沒有注意這些，喜歡包大顆的。
>
> 現在都會吃到很多不同的 cinavu，像真耶穌教會不能吃豬，所以就包雞肉。沒有肉的時候，也會放桑椹的花苞 ljisu，吃起來就甜甜的，以前是給小朋友吃的。還有我吃

過最酷的是放臭掉的山羌跟蕗蕎包在一起，又臭又香，很好吃！

以前在外地住的時候會從部落帶一些回去，不過其實很多都市原住民是有自己的田，像是我姨媽頂樓就用盆栽種 ljavilu[41]，如果真的沒有，也會用高麗菜包。不過其實相較於 cinavu，我更喜歡 avai 的味道。[42]

cinavu 不像 avai。avai 是比較慎重的時候才做的，像是很親很重視的人生日還是小朋友從外地回來想吃，才會特別做。cinavu 是比較隨便、真的很想吃部落的食物趕快做來吃的。不過也不會一個人沒什麼事做 cinavu，一定要有什麼事，例如一群好朋友聚會就會包，或是有客人來，需要量大又快速的時候。作法很簡單，糯米裡面只包花生和豬肉，不過這豬肉一定要是肥肉，這樣油脂才會在糯米裡散開。有的時候可能因為季節的關係找不到嫩的 ljavilu，那麼就不用也沒關係，只用月桃包起來也可以。如果要加料的話，可以在部落山上找 supi[43] 或是蝸牛。

其實現在的年輕人很多不愛吃部落的食物了，他們覺得外食比較好吃。不過我兒子就只喜歡吃 vuvu 做的，那是一種感覺跟習慣。畢竟在外面生活外食已經吃到不想再吃

---

[41] 假酸漿。
[42] 與 Panguliyan Ljaljali 的談話，2021 年 12 月 14 日訪談逐字紀錄。
[43] 芋梗。

了。不過通常是他回來前，媽媽才會事前準備，給他離開
的時候帶回去吃。

外面賣的[cinavu]不會想要吃，他們的餡料很像肉粽。孩
子們在外面吃不到像家的味道，所以如果在外地能吃到就
會很滿足，很想家。[44]

　　我與朋友們是在很隨意的情境下進行討論的，並沒有事先請
他們為我準備回答。對話中，他們直覺地說出自己與家人們喜好
的 cinavu 口味，並且分享自己所認識的不同部落、地區包 cinavu
的習慣與口味上的差異。好似對他們而言，cinavu 是既家常又具
有話題性的食物，這和過去換工時期相似。受訪者不見得對
cinavu 有極大的熱情，不過對做為排灣族人而言，卻也是個稀鬆
平常的話題。

　　透過他們的分享我得知能夠影響 cinavu 口味的因素有很多，
從內餡的選擇、調味的輕重、包紮的緊實度到大小，都會有關係。
它本身就是一個可以接受各種變異與改變的食物，也就代表了不
會有人說什麼樣的味道「最道地」，重點更在於每個人各自喜歡
的口味。cinavu 從過去限定於家的味道，延伸成為代表部落，甚
至是代表排灣族的味道。

　　cinavu 也象徵著長輩對孩子的關心與照顧、親屬間關係的聯
繫。如菈露依所敘述孩子與祖母的互動，我也有相似的經驗。在

---

[44] 與 Selep/Sauljaljui 菈露依・搭福樂安的談話。2021 年 12 月 14 日訪談逐字紀
錄。

成為 muakai 的孫女 vuvu 的這兩年期間，我從他手上接過無數次的 cinavu。他知道我喜歡吃，所以只要家中有 cinavu 就一定會留給我帶回去吃，又或者是在我抵達 vuvu 家前就在電鍋內熱好。在熟悉了 vuvu 家 cinavu 的味道後，只要在非部落的場域吃，vuvu 的 cinavu 馬上讓我感到一股獨特性，味道將我真空於周遭環境，腦中想著：「這是其他地方吃不到的風味」。從調味的鹹度和比別人大上一倍的體積，再加上粗獷又奔放的綁繩方式，每口都讓我感受到被祖母照顧的親密感。透過食物，我感受到賦予這個 cinavu 獨特風味的部落場域，以及 vuvu 家的歸屬感。

雖說 cinavu 並不像搖搖飯，需要使用大量在地的食材才做得出道地的部落味道，但不管內餡為何，將食物用「葉子包起來的」的 cinavu，不管是用最為普遍的月桃葉，還是五節芒、蕉葉、血桐葉等，葉子都必須新鮮採集。內裡可食的假酸漿葉是必須的材料，但仍有替代的空間。不管是多種食物組成的搖搖飯還是作為禮物的 cinavu，都凸顯了 vuvu 的混作田在當代的重要性：在地耕作者種植著在地所需之食材，是實踐並持續再造在地飲食系統的根本。不僅如此，食物生產者與在地居民相互建構在地的飲食味覺，口味的建立並不是單現象的，而是互動的過程。就如 vuvu 田裡所種植的蔬菜奠定了當地飲食網絡中搖搖飯口味的基礎，但他也透過不間斷地互動去調整自己所種。此外，部落各個家族仍經常因為各種事件包 cinavu，並與自己的社交網絡中的親族朋友分享喜悅或是表示關心。這樣的交換鞏固的不僅是社會關係，更是跨部落排灣族人具有共同熱情的文化象徵。

　　搖搖飯與 cinavu 是當代排灣族部落與族人維繫情感的日常食物。它們對排灣族人而言象徵家與部落的情感，共食的過程不僅在吃，更是在地味覺與記憶的傳承。而食物的贈送與交換的過程不僅維繫部落內族人的社會關係網絡，更在當代情境中建構出一個跨地域性的排灣族網絡。也因此，vuvu 的混作田不僅僅是自己展現自由意志的場域，更是乘載著排灣族人文化意識、社會網絡互動過程的產物。

　　Sidney w. Mintz 在 1985 年出版的飲食人類學民族誌《甜與權力》（2020）中批評資本主義飲食雖描繪著現代人食物選擇的自由與便利，但實際卻拉遠了人與生產的距離，人們進而放棄了對食物的自主權（同上引:294）。對進食者而言，唯有掌控自己食物的生產以及製作，才能真正自由地選擇自己所吃，於此同時也透過食物認同自己。

　　食物的主權、飲食的自由與認同，並非獨自一人就能建構的。vuvu 生命中不同階段與食物生產的關係以及食物在台坂部落和排灣族文化中象徵的意義，不僅為混作田帶出文化脈絡，更展示族人對自我和文化的認同與在地作物有直接關係。vuvu 作為食物生產者將自己的意識與社會文化鑲嵌於耕作田中，而田裡的動植物在網絡中也有其生物能動性，這樣社會性與生物性共構的混作田能為我們帶來什麼啟示？透過 vuvu 種植邏輯的再爬梳，我們最後得以用清晰的視野梳理多物種共生的混亂農田。

三、重回混亂，看見邊界

在理解作為一個排灣族人的規範與能動性，以及鑲嵌著這些特性的混作田如何直接與間接地滿足社會性的需求，我再次回到混作田裡，嘗試釐清 vuvu 的種植邏輯。雖然能從植物的生物特性去理解時間與空間的安排[45]，但是他為何種？又是為了誰種植？鑲嵌於他勞動中的各個行動者又是如何和地景互動？透過這個嶄新的視野，我們將明白 vuvu 的混亂不僅合理，他與作物和其他的物的共生之道更凸顯智慧與韌性。最重要的是，不管 vuvu 的種植邏輯背後的考量是有意識還是無意識的——個人幸福感、經濟收入效益、族人的食物安全以及排灣族文化韌性——在滿足了所有需求後，他身處於一個作物多樣、可自給循環，並且鑲嵌了祖先的故事與生命智慧的農田。

三種模式

從社會經濟的角度去分類 vuvu 的農作可以分為三個部分：一、作為純粹滿足經濟需求所種的現金作物，二、滿足在地部落需求的經濟作物，三、滿足個人需求與社會規範的食物或禮物。

首先，對於現金經濟來說成本很重要，所以在時間與人力的壓力下會使用農藥管理田區，也會雇用部落裡的族人工作。作物販賣是透過盤商或者鄰近農民一次性收購，所以必須在收成時期確保有足夠的人力集中收成，在壓縮收成時間的情況下也會犧牲

---

[45] 見第三章，第三節〈混亂的美學〉。

掉一些未達到理想熟成狀態之作物。如果收購價錢很差或是在種植過程中遇到了問題，例如投入不符合成本，那麼 vuvu 會考慮放棄收成，或是下一期減少或乾脆不再種植。[46]

滿足在地需求的經濟作物和純粹的現金作物的最大差異在於前者多了後者更多空間去回應市場需求。因為主要購買者是部落族人，所以收成可以依照作物熟成的時序循序漸進工作，同時因為沒有太大的時間壓力、收入效益也不見得多，vuvu 在金錢成本投入的考量上，通常就不會使用農藥也不大雇用工人工作。只有在少數情況，當種植面積大、身體又不太舒服的時候，就會使用除草劑（就我所知，在 2020 年以及 2021 年這個狀況只有發生過一次）。供應在地部落族人的菜，通常都是滿足於部落味道的食材，像是搖搖飯與 cinavu 裡面最常見使用的各種豆類與葉菜。

最後，滿足個人需求或是禮物經濟之種植，強調的是完全依照自己意識，不管是出自於個人喜好還是鑲嵌於自己生命之社會規範。菸草、野菜、蝸牛和水果都在這個範疇。此耕作範圍不僅物種多樣，耕作密度也高。因種植工作不需照顧到消費者或是市場的需求，也就沒有使用農藥與肥料的動機。這樣的種植與市場經濟無直接的關係，換句話說，金錢不是驅使勞動的動機，情感與社會需求才是。

Karl Polanyi 的經濟鑲嵌理論提出市場經濟中人類行為並不存在自利動機與經濟理性，不具備社會性、抽離於人與土地的經濟

---

[46] 研究期間，洛神、紅藜與南瓜都曾因價錢差或是賣得不好而暫停耕作。

系統必然會遇到危機（Polanyi 1989）。vuvu 混作田中滿足個人與社會需求之種植，回應 Polanyi 經濟鑲嵌理論中市場機制的缺陷。也如同 Mintz 擇食權的論述，Polanyi 認爲在經濟性的社會中自由仍必須鑲嵌於文化當中，「認識社會，實際上就是自由的基礎」（同上引:392）。其肯定社會的錯綜複雜，並且將勞力與土地的再鑲嵌於其中，是三種耕種模式中最具社會與生態韌性的。

由於隨時隨地有不同的物種在不同時序生長，混作田裡也有特別被留下來的野菜，也因此更不能隨意施灑除草劑。基於農藥的缺席，這個範圍有一非植物的作物：蝸牛。由於蝸牛特別喜歡吃剛發芽的南瓜苗，所以在南瓜生長初期必會施灑除滅蝸牛的農藥，也因此南瓜田裡幾乎看不到蝸牛。但在南瓜田以外的地方，蝸牛是非常常見的。在前章有提到 vuvu 工作完後圍裙裡裝滿幾十隻蝸牛的情境，他會在回家後將蝸牛放到籠子裡，連續數天沖水清洗糞便髒污，再將燙熟、去殼的蝸牛肉裝成袋，這是他住在外地的孩子最喜歡吃的。

就如 Polanyi 所強調，典範移轉的重點在於接受社會意識的錯綜複雜，而非被某種既定運作模式與機制自我畫線。vuvu 混作田多物種的世界觀裡，每個行動者包括 vuvu 都具備能動性，他們可能同時有不同的身份與動機，移動於最具彈性與包容力的邊界空間。

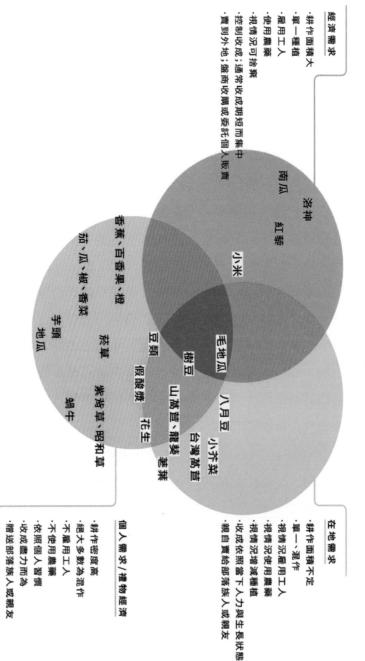

經濟需求
· 耕作面積大
· 單一種植
· 雇用工人
· 使用農藥
· 視情況可搭棚
· 控制收成：通常收成期短而集中
· 賣到外地：盤商收購或委託個人販賣

在地需求
· 耕作面積不定
· 單一、混作
· 視情況雇用工人
· 視情況使用農藥
· 視情況增減種植
· 收成依照當下人力與生長狀態
· 親自賣給部落族人或親友

個人需求／禮物經濟
· 耕作密度高
· 絕大多數為混作
· 不雇用工人
· 不使用農藥
· 依照個人習慣
· 收成盡力而為
· 贈送部落族人或親友

南瓜
紅藜
洛神
小米

香蕉、百香果、橙
茄、瓜、椒、香菜
芋頭
地瓜
菸草
紫背草、昭和草
蝸牛
豆類
假酸漿
花生
毛地瓜
樹豆
山萵苣、龍葵
八月豆
小芥菜
台灣甚苣
老菜

圖 10　muakai 的種植邏輯
圖片來源：作者製作、業員佑編輯。

邊界的作物

　　vuvu 的山上之所以混亂，除了混作田本身容納了多樣性的物種，更因爲許多作物是同時具有雙重、多重的耕種面向。這些處於邊界的作物同時滿足各種需求，也會因各種因素而移動。在前面的章節中，我們理解混作田中的樹豆不僅滿足了部落飲食的需求，在資本市場中也開始擁有一定的能見度。而實際上被種植於邊界的樹豆，種植面積會隨著經濟市場的需求時而增減。除了樹豆，下面種植於 vuvu 山上的三個作物：毛地瓜、小米、花生也各自座落於不同邊界，梳理它們的生長特性以及他所處的網絡，可爲身處於田中混亂的我們提供更清晰的視野。

1.　　vuaq 毛地瓜

　　生長期約 10 個月至一年。每年冬季爲收成期，可一邊收成一邊耕種來年的作物。種植初期需除草整地，但在出芽後就可以放任不管。既不需施肥也不用管理草相，非常適合這個田區的土壤與環境。由於生長時間非常長，也需要一定的面積使其攀爬生長，所以被種植於整個田區離道路距離最遠、最邊緣的畸零廊道，不干涉到其他作物的生長。

幫毛地瓜去毛

小刀或許是 muakai 的第十一隻手指，不管是為 saviki 抹
灰還是削茗藤，或者是幫作物去皮、撥土，小刀是最好
的工具。事實上，muakai 使用的工具就只有幾樣：刮土
壤表層的、鑿挖土下的、有鐮割草的，以及這把小刀。

　　毛地瓜本是非常受排灣族人歡迎的食物，現在已較少見，是
代表舊部落時期的古老食物。2020 年一月，我第一次幫忙賣多餘
的毛地瓜。那季的毛地瓜一如往常十二月初就開始採收，到一月
時部落族人已經吃過一輪了，vuvu 讓我把十幾袋沒賣完的毛地瓜
拿出部落賣。那年我盡全力地推銷，輕而易舉賣了數十包毛地瓜。
我和 vuvu 說：「朋友們都說很好吃，非常喜歡。還有人沒有買到
呢！」。

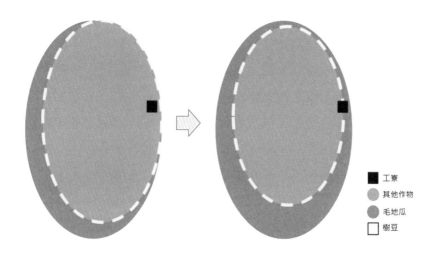

圖 11　毛地瓜種植範圍

圖片來源：作者製作。

　　然而毛地瓜跨越部落界線的熱門度，影響了 vuvu 種植的習慣。
vuvu 在這年為了效率，第一次使用除草劑整理毛地瓜的土地，還
說今年（2020 年末、2021 年初）特別種了更多的毛地瓜。本來要
走到最邊際外圍才能看到的毛地瓜，自這年開始出現在道路的旁
邊，取代了本來種植的薑、地瓜、樹豆等植物。落筆的此刻是
2021 年年末，收成期才剛開始沒多久，我已經賣了超過五十包毛
地瓜（我至今賣得最多的量！），而且還有更多等著我去取。
vuvu 也將毛地瓜送到大溪的雜貨店寄賣，並且雇用工人幫忙整理
與搬運作物。毛地瓜本來僅是為了在地需求與個人需求而種植的，
但因為某個行動者（我）偶然的加入，開始逐漸位移至現金作物
之經濟需求。

131

2.　vaqu 小米[47]

　　小米（粟）是排灣族文化中最重要的象徵，族人一年的生命儀禮與祭儀都是依照小米的生長週期而定。這和當代小米種植的情境卻截然不同。以前在舊部落一年僅收成一次的小米。部落搬到山下後，氣候更溫暖，所以是幾乎隨時都可以種植小米。小米作為主要的現金作物一年至多可種三期。種植小米並非在一塊固定的田大面積種植，而是會在不同地點規劃小面積的種植區，每個區塊會稍微相隔幾個月，呈現出交錯相疊的生長時序。舉例來說，除了冬天播種、夏天的傳統生長時節，一年中 vuvu 也有可能在二月、八月與十月收成小米（這是 2019 至 2021 年所紀錄的種植資料）。而依照種植的氣候，小米生長期為四到六個月不等。透過不同田區種植時序的間隔，vuvu 能更多元的利用土地，而不被一年一收制約。

　　如同其他經濟作物，小米的種植在整地時也可能會使用到農藥資材。不過在 vuvu 的山上，小米種植的方式仍與過去相似，同一塊土地不連續種植，而會與花生、紅藜、芋頭輪耕。因為現在小米價格昂貴，日常飲食中的小米早就被白米、糯米取代。如果在一些非正式場合需要用到大量小米，就會用更便宜的進口小米。不過本土小米仍供不應求。除了在消費市場上的價格頗為穩定，對族人而言，在味道與口感上，部落裡種植的小米的味道絕對比進口的還要好吃。

---

[47] 種植田區參考圖 7、圖 8。

不過儘管小米種植時節比以往更加彈性，市場需求也大，但其實現在種植小米並不如以往來得容易。蟲害與鳥害似乎一年比一年來得嚴重。在結穗期間，白天如果沒有去田裡親自趕鳥，一不小心小米就會在收成前被鳥吃光。近年來飽受鳥害的小米實在不易管理，體力不如從前的老人家最終還是決定放棄耕種了。

3. paketjaw 花生

花生作為 vuvu 少女時期第一個種植的現金作物，曾為 vuvu 帶來經濟成就與滿足感。這個滿足感延續至今。有次 vuvu 將出自於同一田區裡淡色的和深色的花生分開時，我問及為何如此，八十歲的 vuvu 一邊挑著剛收成好洗淨曬乾的花生，一邊笑容滿面地說：「紅紅的花生很可愛啊！」他認為紅皮雖然產量較少，但比較甜比較好吃，想試試看下次單獨種植，嘗試培育出不同口味花生的種籽。

自家保留的花生種籽經常不夠用，vuvu 會去向親戚或其他家人借種子來種，這是需要在收成時再分還給對方的。花生的種植全靠手工，從鑿穴播種、開第一次花時手工除草至收成，並且不會使用任何農資材。雖然全程非常仔細照顧，但田裡的花生產量其實並不高。一穴花生播種一到兩粒籽，在淘汰空心與蟲蛀的花生後，最後只會收到五至十顆左右。[48] 所以雖是配合小米而種，花生並沒有因為頻繁的耕種而確保產量。收成後需要先將曬乾的花

---

[48] 依照我的農耕經驗，無施肥的友善農法種植的花生一穴可產 20-40 顆，一般慣行農業則 70 顆都有可能。

生的一部分還給當初借種籽的人，也得留一批作下次種植的種籽，最後剩下的才可以留著吃和販賣。或許因爲長久以來不間斷的種植與種籽的交換，vuvu 總說他的花生的味道具有獨特性，特別香甜。

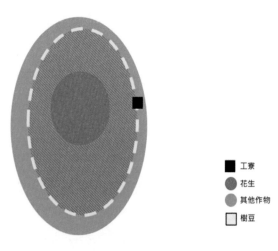

工寮

花生

其他作物

樹豆

圖 12　花生種植範圍

圖片來源：作者製作。

邊界中的食物主權

　　毛地瓜的邊界性代表隨時可變異的合作網絡，在種植空間上雖屬於整塊農地之最邊陲，但在新的合作結盟之後，仍有可能從邊陲中成爲主角。小米在種植空間上是需要集中管理的作物，由於種植時間上有極高的包容性，所以不同區塊的小米田生長的時間可以相互交錯，確保了一年最少兩次的收成。此外，小米在當代注重健康、文化與本土價值的飲食市場上更是供不應求；其之

於原住民族群的象徵意義，透過不同行動者的相互碰撞在原鄉土地上再現（朱怡樺 2014）。現今，曾一度因資本主義的介入而式微的小米文化雖再度受到各界重視，但主要作為經濟作物且單物種的小米田，仍會因鳥害防制的成效而影響種植意願。最後，花生的種植說明了在滿足經濟需求以及社會需求後，個人情感上的需求給予植株更多發展空間。種有花生的土地上不僅容納最多合作與物種，也因混種本質而從不需要施灑化學農藥及肥料。值得一提的是，在上述物種之中，花生的種籽是唯一在家族中代代相傳，並且經常與族人彼此交換留種保存下來的。

vuvu 的混作田中許多作物都具有邊界性。這些邊界可以從物理上的邊陲、社會關係上的中介以及植物生長上難以規模化的種植方式來理解。從人的視角看來，上述的毛地瓜、小米以及花生，與本書的主角樹豆，都處在經濟需求、在地需求以及個人需求的三種邊界上（見圖十），它們定義了混作田裡複雜且難以僅用一種視角去理解的世界，也讓我們窺探多樣物種同時生存的人類社會中的能動性。

四、小結

對一個排灣族人而言，家的延續與家的概念透過日常飲食得以延續。muakai 的童年雖獨自一人居住，但記憶中他總與源自於相同 vuvu 的子宮的表兄弟姐妹們一起吃 pinuljacengan，大鍋子內燉煮著的是當下家族田裡種的菜，這是過去每天都會吃的最普遍

的菜色。如今的搖搖飯和過去並沒有太大的改變，它仍是部落內不難見到的食物。雖然過去的小米以及其他雜糧已經被白米取代，但人們對於搖搖飯的口味仍有堅持：如果要好吃，就必定要放山上種的菜。cinavu 的發展則更爲戲劇性。在過去，cinavu 曾是流動於部落內各個家之間的食物，如今隨著排灣族人向外移動，cinavu 不僅作爲親人間聯繫情感的食物，更是跨部落性排灣族人作爲社會網絡連結的媒介。

搖搖飯與 cinavu 所建構的食物主權與文化認同，是由 muakai 在地的混作農地所支撐而成。這塊農田地景看似混亂，但透過邊界的原則去觀察就會發現，許多作物在這混亂中同時滿足了經濟、在地社群以及個人等多種需求。從 muakai 的農務經驗我們看見，當作物主要是資本市場中的商品時，就更可能因爲各種因素被取代。相較之下，滿足在地文化與個人需求的作物，例如毛地瓜與花生，在物種以及土地經營的角度而言，才有機會日復一日地被耕種，進而留種於在地。唯有當搖搖飯與 cinavu 的味道持續透過食材鑲嵌於土地中，人們才更有動力去種植、生產並且製作自己所吃。可以說，在地食物的自主權與人們對於食物的感官經驗有著直接關係。

回到樹豆。從糧食主權、自由與認同的角度回頭思考樹豆這樣具備邊界性的作物，我們會發現樹豆並不似農業科學家所主張，因其難以規模化而成爲所謂「問題作物」。相較於農業科學對於樹豆的知識生產有著極爲曖昧的態度，在一塊看似雜亂的農田地

景裡，樹豆則有非常清晰而明朗的角色，那就是它一直以來擅於在邊界中與其他物種共生存，並且同時滿足鑲嵌於農地上的社會性與個人需求；它在邊界空間找到機會與價值，不管是生物性的還是經濟性的。多物種共生的研究取徑的潛力與啓發就在於此：當我們開始試著從其他物種的角度與感官維度理解世界，會發現在地經驗、文化與知識一直透過其他非人行動者共同鑲嵌在看似不起眼的農田地景裡。原來我們能在混亂與共生裡看見難以被輕易取代的價值與意義。

第四章　食物與家、主權和邊界

7 號夾鏈袋裡的新鮮樹豆，2020.01.20

第五章　樹豆知道

第五章　樹豆知道

　　在台灣，樹豆被視爲傳統古老的食物。尤其是與樹豆燉煮的肉湯，更是長久以來被不同族群視爲帶來健康與元氣的料理。樹豆植株強健，不必特別照顧就能在各種樣態土地上生長，因此經常被種在邊緣地帶，像是家戶的周邊或是耕地的邊界。也或許因爲隨意種植便可生長，許多人甚至不認爲它是一種農作物，提及樹豆總是先肯定它的趣味性，例如多吃了會放屁、吃了身體勇健等深植人心的印象。如今，這個總出其不意出現在聚落地景裡，型態如雜樹的樹豆，在商品市場中被賦予健康、永續、文化與食物安全等多項正面價值。不管是數十年前的國際農糧中心還是近年台灣的農業單位都對樹豆展現好奇心，從耕種方式、品種與營養價值，到食品、醫療以及非食品之應用潛力等，專家學者們不厭其煩地注入心力研究樹豆，反覆論述必須復甦這個傳統作物的決心。然而就我的研究期間（2018 至 2021 年），台灣樹豆的產量仍未規模化，不免使農業專家口中的明星樹豆這標籤顯得雷聲大雨點小。如果從科學家即是農產業的視角理解樹豆，就會發現我們的視野被衆多矛盾給侷限，一方面不斷看見作物的潛力，一方面又因爲它的不穩定而懊惱。

　　一旦我們將視野轉向，嘗試從物種的角度理解樹豆，便會發現在多物種共生的世界裡，邊陲與不穩定才是我們需要掌握並且看重的價值。在這裏，人類雖是耕種者，卻也是被作物照顧、被容納，並得以延續的物種之一。如同土壤裡樹豆根瘤菌所發揮的

固氮共生合作，一個微生物、菌與植株共生的系統，會從地下延續到地面上的農田地景中，與其他物種共構出社會性。只要互動不斷，就不會沉寂。

　　人類世是混亂的。人為造成的極端氣候、生態污染，以及資源開發連帶的戰爭與社會不穩定，都是當代人類所面臨最重要的生存問題。混亂是我們此時此刻必須面對的現實，然而大多時候，資本主義社會所唱誦的乾淨與進步導引我們迴避混亂。在這個多物種民族誌裡，muakai 的生命記憶以及與他共生的農作物一同證明，在混亂中處之泰然不僅是一種社會經濟性的選擇，也是生物性的直覺，更是生存之道。在此，處在社經邊陲的資本主義中勞動者的弱勢處境，以及工業污染為生態環境帶來不可逆的影響，也是物種共生的現實。muakai 所耕種的這塊混亂的農田，除了許多物種混作共生，也有難以讓人忽略的，過去不同農業建設遺留下來的痕跡。像是一百多根貫穿田區的水泥柱，它們曾是搭架荖葉園棚架的支撐，現在則是荖葉藤、刺薯山藥藤蔓、豆類藤蔓攀爬生長的垂直空間，或是用於搭建新建物與設施的基座。地景中也持續增加新的垃圾，像是 muakai 從家裡帶到田裡丟棄的塑類廢棄物、老舊的防鳥網，以及空的農藥容器。田地的主要行動者，農人 muakai 的身體因過度的勞動而衰弱，不管是扶著腰還是拄著拐杖，長年勞動累積的傷痛都顯示於行走間。除此之外，習慣直接觸摸土地的手也經常破皮、流血，藏在指甲與皮膚紋路中的塵土也已與身體融為一體，不易洗去。本研究試圖刻畫出混亂中物種共生的美學，並非要美化資本主義下的勞動剝削，也不是要浪

漫化垃圾與污染，而是希望透過描繪鑲嵌於多物種地景之中的身體感與社會性，呈現出不一味強調秩序與穩定的食物系統，也是一個多物種共生的範式。就像 muakai 耕作的方式，與其說是嚴謹地依循傳統或是趨於當代生態友善的農耕系統，更準確的說法是將鑲嵌於身體感官的文化、經驗與需求，透過動作轉譯：什麼該被種下、撿起、採收、去除，每踏出一步的瞬間就被決定。確實，這是一片物種多樣性極高並且具有社會性的混作田：隨著季節的變化，田間的層次與樣貌多樣且多變。綠意中各種作物相互遮隱、互相支持，不僅同個時間有多種植物混作生長，不同的作物也前後交替輪耕。以植株生長的角度，我們能透過種植時節、生長週期以及生長模式觀察出一些組合與變化，例如生長期為一年、植株體積高大的樹豆會被種植於不需要經常管理、也不大會干涉到其他作物的邊界；樹豆田區的地面也一定會有其他的作物與它共生，有時樹豆為周遭的夥伴作物提供遮蔭，有時成為攀藤的支架。但物種共生的混作農田也會在某些時刻，因應耕作者的需求，大面積地轉換成種植單一作物的經濟田區。例如 2020 年春天收成的南瓜田，單一天的採收量就超過一公噸。[49]事實上，muakai 根據不同需求與情況改變種植方式，就如同在上一章節所描繪的，農藝技術是多樣且彈性的。除了根據自己長達八十年的生命經驗所累

---

[49] 田野筆記：2020 年 4 月 11 日。一早七點就去田裡收南瓜，vuvu 僱請小姨婆、一個部落的妹妹、叔叔和嬸嬸一起工作，我也一起幫忙。vuvu 則整理最後的 tjulis 田，因為那裡有長毛地瓜，需要拔草整理。大概 10 點多收完。下午收購南瓜的老闆來才來載貨，由於南瓜形狀不一，所以價錢比較不好，以一公斤 8 元收購。總共賣了 26 袋，今天收成了總共約 1200 公斤，賣了共 9600 元的南瓜。

積的身體感，他也十分願意參考他人的農耕意見與想法，樂於嘗試不同的耕作方式，例如調整花生與小米的種植時間，或者使用別人所推薦的農藥肥料在小米和樹豆上，希望能防治病蟲害、並且提升收成。

　　有趣的是，儘管 muakai 的農作邏輯依照不同需求隨時做出調整，並不根據特定農法耕作，但近年來，他也理解商品市場裡「種有機」的概念。muakai 意識到社會大眾對於不放農藥的正面觀感，對於有機是什麼，也有自己的見解。在慣行農田裡當過農工的 muakai 認為，和一般生產型農田相比，他已經灑很少的農藥、也不大施肥。唯有在必要的時候——例如南瓜種子發芽時才少量使用農藥肥料，或是偶爾因為沒有時間人工除草才花錢噴除草劑去除雜草——這些在他的認知裡，都算是沒有灑藥，是自然的。因此，儘管本書強調 muakai 混作田裡邊界作物具備韌性，但現實中，muakai 的農藝選擇就像他的生命所經歷的時代變遷，是流動且仍在變化的。這也是為什麼就算是邊界中極具韌性的樹豆，也有可能因為被施灑不適合的化肥而無法開花結果。

　　muakai 的山上確實無法被簡易分類為傳統的還是現代的、單一作物還是多樣混作的、環境友善的還是環境有害的。然而，多物種在邊界中共構的物種多樣性，以及為滿足個人需求與社會規範的農技藝，卻與當代強調環境友善與食農價值的另翼農業系統（alternative farming system）有些相似。另翼農業倡導食物安全與地方生態韌性，大多也主張生態性以及整體性（holistic）地去規

劃農業，並且批判工業型農業中仰賴單一石油能源與農資材之退化型（degenerative）農業生產模式（蔡晏霖 2016）。如果另翼農業系統回應的是當代農業問題，那這是否代表每個依照個人需求以及社會規範去耕作的田，便都是適切於人類世的農藝辦法？

人類世的農技藝是什麼？我想關鍵仍在文化。

muakai 聲稱自己的種植沒有規則也沒有所謂一定的模式：「都可以呀，喜歡什麼就種什麼！」雖然他總是這麼說，但在純粹的喜歡與慾望後面，驅使他不論是下雨還是天晴，幾乎隨時隨地都在和作物互動的，其實是鑲嵌於自己身體記憶中的排灣族的文化知識體，這些與食物味道連結的文化體透過耕作行為轉譯到農田地景上，也因此順著農田地景的紋路，我們才得以看見排灣族的親屬實踐。例如一起吃 pinuljacengan（搖搖飯）所代表的社會關係，是一家人圍坐共享的，其延伸意涵是代表著家人必須相互照顧的義務。每次的共食都是關係的確認和再形塑。cinavu 則代表流動於家與家之間的食物，在當代更是具備族群認同的象徵性食物。在飲食習慣逐漸與主流社會的模式趨同的今天，pinuljacengan 和 cinavu 仍然是台坂部落族人以及廣泛排灣族人經常吃的食物。對許多人來說，pinuljacengan 和 cinavu 的口味蘊含著一個家或是一個地域的族人從過去到現在的味道，是來自家人的雙手以及土地的食材，這些都是不可被輕易取代的。也因此大家仰賴 muakai 田裡種的「山上的」菜來製作有部落風味的搖搖飯和 cinavu，可以說文化的認同與聚落意識因作物得以延續。

　　當代仍有其他農人像 muakai 這樣，透過日常耕作由下而上實踐食物主權與文化認同。杜詩韻的〈原住民生態知識與土地利用關係之研究：以兩個排灣族部落農業與狩獵活動爲例〉（2012）描述春日鄉排灣族聚落族人的農耕行爲，幾乎和 muakai 的農作邏輯相似：

> 依據〔受訪族人〕的栽種與使用情形，傳統作物仍具有生活及文化上的固定需求。剩餘的生產可以交由零售點來販售，使傳統作物也具有食用與經濟的價值。肥料與農藥的使用，主要以經濟作物如果樹爲主，耕地旱田除蔬菜類使用有機肥料外，其餘作物利用自然地力與綠肥作物來栽種。

　　春日鄉排灣族聚落的農耕者積極收集並保存、分享種子。不過，受訪的排灣族農人年紀多與 muakai 相仿，都是七十歲至九十歲的老人。此外，該區域部落政治經濟變遷和大竹溪流域的排灣族聚落也略同，皆是中華民國政府遷台後才受資本主義化的影響。如今隨著這樣的農人逐漸老去，因應在地飲食文化需求的農耕行爲也跟著式微。

　　2000 年後的原鄉部落也開始出現一些截然不同的農耕嘗試。以台坂村往北約莫 20 公里的拉勞蘭部落爲例，該部落在一位中生代族人的帶領下，於 2005 年起連續三年申請社區營造補助計畫、部落永續發展計劃以及多元就業方案計畫，復耕小米田並且建立部落小米產業，是一嘗試由上而下地透過耕作單一作物，重構文化認同的案例。在小米復耕的過程中，族人們藉此機會追溯過去

部落內流傳的小米故事、種植智慧與飲食習慣，並且透過商品的行銷設計與餐廳的經營再建構今日的小米文化價值（朱怡樺2014）。復耕小米不僅對應排灣族文化中最重要的 vusam 概念，也成功重塑族人對文化的認同。小米作為排灣族最重要的象徵符碼，也將拉勞蘭部落的排灣族人與過去、現在和未來連結了起來。拉勞蘭的案例確實極具啓發性，他們證明了就算是單一性的種植，也能透過觀光與農產業成功推進文化，進而加強地方認同。不過，由於小米本身就是排灣族傳統文化的樞紐，過於單一仰賴小米帶領供給的線性連結不僅較為脆弱，也可能忽略地景中其他也具備社會性的物種。

「怎麼會有人覺得非人的生物沒有社會性？」Anna Tsing 在文章 More-than-Human Sociality 的開頭這麼寫。Tsing 認為，如果說社會性是「與重要它者的糾纏關係」（Tsing 2013:27）[50]，那麼所有具有生命的事物理當都是具有社會性的。muakai 田地的社會性架構在物種本身的生物型態、排灣族人的社會規範以及當代族人的食物權之上。這代表這塊田地需要滿足多種需求，這絕對不會是一個「乾淨」的工程。透過三個模式相互重疊（見圖 10），我們看見了那些處於邊界的作物。這些作物同時要滿足兩種或是三種需求，所以總是在不同場域之間建立關係與連結。他們也具備韌性，面對變異時能處變不驚。反觀，像是洛神花這樣僅爲了經濟而種的作物，就完全仰賴市場經濟邏輯，當需求不存在或者種

---

[50] 原文請見附錄。

植不符成本時，耕作者會毫不猶豫地將其捨去。因為「邊界」的存在，地景中的混亂與共生才得以可行。

就跟行走一樣，人走出故事與文化，味覺也是一樣的道理。它的感官是多層次的，從食物的大小、口感、調味，到吃的時候聯想到什麼記憶，可能是過去生活的畫面，或者是準備、取得與料理食材所經歷的身體感。對我這個外來者而言，進入田野雖短短兩年，但也已經能夠從外型與味道分辨出報導人家裡所做的 cinavu。在外地吃到來自家裡做的 cinavu 時會思念並感動。muakai 的混作田是在地食物系統中的生產者，因為他的存在，部落族人得以掌握自己想吃，部落的味道也因族人與生產者日常互動得以再造並延續。而掌握在地文化味道的耕作模式，不管是以什麼形式出現，或許便是適合人類世的混亂且具備共生韌性的農作技藝。

休息

vuvu 這七年來於台坂村下的這塊廢棄茖葉園不間斷地耕作，終於決定讓部分田區休息養地，減少種植的面積。有幾個原因促使他減少耕作。首先是腿已經越來越沒有力氣了，太努力工作時腰與腿的酸麻感就更加嚴重。再來是近年因為聽了別人說在樹豆開花時噴一些藥會讓樹豆長得更好，沒想到居然成反效果，本當正值產季的樹豆應當長得茂密旺盛，現在看來卻像是已被採收過的樣貌，估計也是沒得收成了。還有去年的毛地瓜種得太多，今年產季期間，忙碌於工作的孩子們抽不出時間幫他整理與販賣，

人力短缺也讓他擔心能不能完成收成，這樣的壓力與煩惱似乎都讓山上的工作變得沒那麼好玩了。在與 vuvu 相處與學習的這幾年間，他說了好幾次：芋頭好像越種越小顆，上上下下來回巡小米田就為了趕小鳥實在是太辛苦，做不來了。人力、氣力與地力似乎都顯得捉襟見肘，不管是種植者還是土地都需要休息了。儘管如此，vuvu 仍在時節到來時，種下花生以及蔬菜和各種豆類，只不過這些面積都小了許多，夠自己和親友吃就好，他這麼說。

然而，當耕種又回到回應社會關係的脈絡後，所謂「縮小」耕種面積的考量或許又有不一樣的計算。親友的範疇又會如何定義？少了 ti vuvu i muakai 的田，族人們習慣吃的 cinavu 與搖搖飯的味道是否會改變？

向樹豆學習

樹豆一直都知道何謂共生。

樹豆植株本身的共生固氮作用和與他者作為共享空間的習慣，以及對於邊陲場域的高度適應力和難以規模化的生產量，都是它的生存之道。我為樹豆建構世界地圖，而這個地圖就像在即將昏暗的山中行走的登山者頭上的那盞頭燈，帶領我照見更多與它相同的邊界物種。邊界中的物種們在混亂的田地裡尋找合作，因此建構出屬於在地文化脈絡的食物系統。這個系統不僅延續物種的生命，也餵養著在地排灣族人的飲食和文化權。

　　如果所有具有生命的物都具社會性，那麼食物權與文化權就是一體兩面的。一方面，我們必須強調食物的重要性，它是人類與其他動物賴以為生的能源，這是在資本主義社會下容易被忽略的。另一方面，對長期處於墾殖社會邊陲的台灣原住民族來說，能掌握食物並且可以選擇所吃，不管規模的大或小，就是掌握文化主權與認同的行動。反之，對於生長於都會的人而言，在想著該吃什麼之前，或許可以去思考是什麼樣的文化支撐著自己的飲食系統，而自己又該透過什麼行動讓這樣的食物系統持續傳承下去。畢竟刻畫地圖是個大工程，一個在地的食物系統會需要一群人或是一群物一同繪製。針對這個問題，我從樹豆的多物種世界得到一些啟發。

　　首先，混亂與不穩定隱喻了感官的價值。種於邊界的樹豆鼓勵多元的互動。它常常在住家的附近或者是農田周遭，其形態為其他物種在生長初期提供遮蔭，避免過度曝曬，作為強壯的支撐也使需要攀爬生長的共生物種得以向上生長。這些何嘗不是一種感官式的建構？就如生處於人類世的混亂與不安定中，我們需感官式地去實踐經驗並延續文化。有意識地解構長久以來資本主義所推崇的乾淨與秩序已是必然。不管是透過行走、吃、手作、還是種植，透過身體和時間去體會甚至習慣各種不適感，或許我們就能看見混亂的價值並且得到持續訴說髒亂故事的勇氣。

　　樹豆的邊界與彈性則隱喻了韌性共生的可能。樹豆的產量雖然容易受到蟲害、風災以及氣候的影響而歉收，但卻也能不費力

氣地長於各式介質與土壤中，在世界上所有亞熱帶與熱帶地區穩定的存在著。它的不穩定與韌性是相互建構的。就如同 muakai 田地裡複雜且難以理解的耕作模式與種植邏輯，仔細爬梳後可以發現在隨心所欲的後面，是邊界中多物種共構而成的網絡。處於越是多重的邊界場域就越具備韌性，就像是邊界中的作物能一次滿足 muakai 的經濟性、社會性以及情感性的需求。與此同時，地景的生態也更加生物多樣，在耕作過程中也減少了大規模的整地或是農藥與肥料的投入，也就少了對有限的石化能源與農資材的依賴。

這種邊界性植物所展現的彈性也能夠延伸至我們對於食物系統建構策略的思考。在當代仍有不少能量投入於樹豆產業中，科學家在研究室中將樹豆的生物性量化，轉譯到食品與應用的研發上並不該是註定會失敗的。但是如果這樣的努力只侷限在商品化的視野，那這個仰賴市場需求的產業便無法展現蘊藏其中的生命力。我們能做的，或許是透過更多的跨界互動與注重身體感的體驗，建構樹豆（以及它所代表的邊陲物種們）的故事與價值，並為當代台灣的與全球的食物產業與飲食系統帶來更多元的想像。

作為根莖

在多物種民族誌寫作的過程中，我盡可能成為一個好的樹豆代言人，不從人的角度讚頌它的美好或缺點，而是盡力將它世界的各個面向展示出來：其中包括了物種環境（living environemnt）

的敘述與空間感。這也是爲什麼當我閱讀到 Deleuze 與 Guattari 關於系統、環境與空間的哲學思辨時，發現他們將根莖（Rhizome）[51]作爲理論的核心隱喻感到很驚喜（Stivale 1984）。在根莖理論裡，中介（between）是非常核心概念。他們如此描繪：

> 根莖沒有開始或結束；它永遠在中間。一棵樹是起源，但根莖是聯盟（alliance），這個特別的聯盟。一棵樹也加強了作爲（to be）這個動詞的力道，另一方面根莖則顯示著接觸點（conjunction）「與…與…與…」。這樣的接觸點帶有極大的力道可以推翻作爲（Deleuze and Guattari 1987:25）。[52]

Deleuze 與 Guattari 一再強調，人們對於旅途來去的想像是沒有意義的。與其去問「從哪裡來？」與「要去哪裡？」更應該意識到我們時時刻刻都處於中間。在中間移動，才是更爲現實的空間想像。從時間的向度來看，Tim Ingold 用捻繩（rope making）來隱喻想像未來（imaginging future）的思考練習，具象化了上述中間與接觸點的概念。他認爲人們對於世代（generation）傳承之「堆疊」（stacking/layering）式的想像是有問題的，因爲這代表每個世代的人對於未來各自表述（RIBOCA 2020）。「捻」是一個透過扭轉施力的動作，將線一條條纖維合捻成線，這個過程可以無限延長，而且當力度與時機都抓得適當，便會成爲無比堅韌並具強力的繩材。Ingold 認爲，使用捻繩的概念來想像時間與未來

---

[51] rhizo-也是樹豆植株根瘤菌 rhizobium 的字根。
[52] 原文請見附錄。

更為合適。因為捻繩是需要默契的，也因此社會中跨世代的人們必須透過交流、合作與對話，才能將自己的繩子與別人的搓合在一起。不管身處哪個世代，大家來自同一個地方，也會往相同的方向前進，只不過更為重要的是，人們必須專注於當下，以防繩子因為過度使力而斷裂。

回到一開始我對於樹豆被定義為「未來作物」的遲疑。多物種的研究取徑提醒我們在展望未來之前，首要考慮的是我們所處的當下：此時此刻的空間裡已經存在了何物？可以跟什麼接觸？又可以怎麼調整與協商？或許在這樣的過程中，混亂世代中的物種會在中介的合作中得到前所未有的速度與爆發力，與此同時，也因為相互搓捻而成的韌性，得到更多勇氣面對未來。

持續種植才能保種

第一次在自己的家園裡種下樹豆已是五年前的事了。2017 年的春天我在自己那塊毫無水源、僅能靠天賞賜雨水的沙質旱地種下樹豆，期許作為豆科綠肥的它們能為這塊土地帶來生機與希望。從此之後，隨著時間的消逝，我與樹豆的關係越靠越近。從一開始獨自在廚房中研究如何吃它，到後來每造訪一個聚落見人就問：「你們吃樹豆嗎？」。寫作的當下是冬天，田裡種的樹豆正在開花結果。樹豆的植株韌性就是如此堅強，不管我再怎麼忙碌，隨意種下的樹豆幾乎都可以生長成株。

　　本研究嘗試呈現多物種民族誌的研究價值，從樹豆的形態（form）出發，再透過關係與網絡探究樹豆物種的生存之道。如我最初所期待的，樹豆確實帶來希望，但它帶來的不只是植株復育土地的能力，也是它在混亂中與其他物種共生的世界觀。樹豆不僅因為被人類社會需要而年復一年地被種植、被食用、被留存，它所生長的共生地景也有空間與彈性乘載在地聚落跨時代的歷史記憶和文化認同。在變遷中，樹豆世界的隱喻告訴我們，混亂的農田似乎可以容納各種可能。

　　在著手進入農務、排灣族、飲食文化以及物種共生的多物種研究後，馬上發現這也是一本自我探索的民族誌。樹豆的世界與 vuvu 的混作田帶給我很大的感官衝擊，混亂與生命共生讓我興奮不已，有如很多年前我走在孟買的街上，眼前塵土飛揚、車子與乞討者的聲音與氣味交錯重疊所帶給我的震撼感，至今想到那個畫面依然清晰。寫作的過程我習慣身處於混亂之中，也習慣了 vuvu 遞給我的檳榔包著荖藤的味道。vuvu 成為了我的祖母，在向別人介紹時早已不用再多做解釋。這些得到，不僅解答我過去在乾淨感官裡的困惑，更豐富了自己不曾體會過的深刻情感。

　　樹豆最後教會我的，是不要害怕任何的合作與介入（disturbance）。因為所謂的破壞，在共生的原則中代表的是互動與結盟的必然。只要我們有足夠的感知與洞察力，便能覺察到自己的介入製造了什麼樣的波動，並得以隨時調整、保持彈性。當

然，一定仍有許多是我們無法察覺的，但那些或許先暫且仰賴共
生網絡中的夥伴們去幫忙協商好了。

第五章　樹豆知道

附　錄

引用原文

第一章

P. 9　　　The politically induced condition in which certain populations suffer from failing social and economic networks…becoming differentially exposed to injury, violence, and death (Butler 2009: 25).

第二章

P. 38　　Surveys of more than 1000 fields of pigeonpea, Cajanus cajan (L) Millsp., across 13 states of India from 1975 to 1980 have indicated that over 80% of this crop is grown as a component of mixed or intercrops, with few or no purchased inputs. Although the insect-caused damage was found to be generally severe, less than 5% of the surveyed fields had been protected by pesticides (Reed et al. 1981: 99).

P. 42　　The present low yields of pigeonpea may be ascribed to the traditional system of cultivation, characterized by: low plant population at harvest, high-incidence of wilt and sterility mosaic, uncertain weather conditions during growth, and heavy damage by pod borers… Is it possible to increase the responsiveness of pigeonpea to better management practices...? Can the competitiveness of the crop be increased? (Roy Sharma 1981: 26)

P. 42   In breeding food legumes, the first order of priority should be the improvement of productivity, adaptability, and yield stability, to be followed by refinements in nutritional value and consumer acceptability. The yield levels of even the recently evolved pulse varieties are considerably lower than the high-yielding varieties of cereals. Borlaug (1972) appropriately called pulses the "slow runners." Inadequate human selection of superior genotypes and physiological and management limitations have been cited as primary causes for the low productivity of pulses (Swaminathan 1972; Sinha 1973) (Pankaja 1981: 393).

P. 43   In pigeonpea, the understanding is confounded by the complexity of cropping systems, traditional use under generally low-input marginal conditions, and the relatively low level of scientific knowledge of the plant... /While the existence of traditional systems of use must be respected and actions taken to improve their effectiveness, potentially more efficient systems must be actively researched... Recent evidence (Wallis et al. 1979a, 1979b) clearly indicates that the crop is capable of high seed yield under improved management. Breeding must exploit this ability of the crop, as well as its tolerance of marginal conditions (Byth et al. 1981: 454).

P. 44   An important aspect of pigeonpea production is the extent to which this crop utilize atmospheric nitrogen through the symbiotic system. For the microbiologist, it is a problematic crop, as its root system goes a few meters deep and as such poses problems for surveying root-nodulation patterns in intact plants. In general, the nodulation status of this crop has been found to be rather poor (Rewari 1981: 238).

第三章

P. 79   Precarity is the condition of being vulnerable to others. Unpredictable encounters transform us; we are not in control, even of ourselves. Unable to rely on a stable structure of community, we are thrown into shifting assemblages, which remake us as well as our others. We can't rely on the status quo; everything is in flux, including our ability to survive (Tsing 2015: 20).

P. 79-80 Trouble is an interesting word. It derives from a thirteenth-century French verb meaning "to stir up," "to make cloudy," "to disturb." We--all of us on Terra--live in disturbing times, mixed-up times, troubling and turbid times. The task is to become capable, with each other in all of our bumptious kinds, of response. Mixed-up times are overflowing with both pain and joy--with vastly unjust patterns of pain and joy...Our task is to make trouble, to stir up potent response to devastating events, as well as to settle troubled waters and rebuild quiet places" (Haraway 2016: 1).

第四章

P. 108　Food sovereignty is the right of peoples to healthy and culturally appropriate food produced through ecologically sound and sustainable methods, and their right to define their own food and agricultural systems (Patel 2009: 666).

第五章

P. 147　Made in entangling relations with significant others (Tsing 2013: 27).

P. 152　A rhizome has no beginning or end; it is always in the middle, between things, interbeing, intermezzo. The tree is filiation, but the rhizome is alliance, uniquely alliance. The tree imposes the verb "to be," but the fabric of the rhizomes is the conjunction, 'and...and...and...' This conjunction carries enough force to shake and uproot the verb 'to be'" (Deleuze and Guattari 1987: 25).

參考書目

巴清雄

    2018　霧台魯凱族傳統永續農耕制度。國立臺灣大學農藝學研究所博士論文。

石磊

    1971　筏灣村排灣族的農業經營。中央研究院民族學研究所集刊 31: 135-174。

朱怡樺

    2014　食物、族群與認同：以拉勞蘭部落小米文化為例。國立東華大學族群關係與文化學系碩士論文。

行政院農業委員會

    2016　樹豆。原住民族農產業主題館。網路資源，
        https://kmweb.coa.gov.tw/subject/ct.asp?xItem=1305481&ctNode=9784&mp=407&kpi=0&hashid=，2019 年 1 月 16 日。

    2021　糧食供需年報（109 年）。農業統計資料查詢。網路資源，
        https://agrstat.coa.gov.tw/sdweb/public/book/Book.aspx，2022 年 1 月 4 日。

行政院農業委員會臺東區農業改良場

    2017　樹豆之栽培管理與利用。網路資源，
        https://www.ttdares.gov.tw/ws.php?id=2137&print=Y ，2019 年 1 月 27 日。

參考書目

Mintz, Sidney W.（西敏斯）

　　2020 [1985] 甜與權力：糖——改變世界體系運轉的關鍵樞紐
　　　　（Sweetness and Power: The Place of Sugar in Modern
　　　　History）。李祐寧譯。新北：大牌出版。

余曉薇

　　2020　樹豆新「食」代打造部落地方創生的契機。環境資訊
　　　　中心。網路資源，https://e-info.org.tw/node/223466，
　　　　2021 年 12 月 4 日。

吳雪月

　　2006　台灣新野菜主義。台北：天下遠見

呂欣怡

　　2018　都市工業區中的自然：後勁與大社的盆栽文化分析。
　　　　科技部補助專題研究計畫成果報告期末報告。

李宜融

　　2012　樹豆的研究發展現狀。傳統醫學雜誌 23（1): 35-43。

杜詩韻

　　2012　原住民生態知識與土地利用關係之研究：以兩個排灣
　　　　族部落農業與狩獵活動為例。國立東華大學自然資源
　　　　與環境學系碩士論文。

林文玲

　　2013　疆域走出來：原住民傳統領域之身體行動論述。台灣
　　　　社會研究季刊 91: 33-92。

林展皓

　　2017　樹豆及蕎麥為發酵基質開發新穎性醬油產品。國立嘉
　　　　義大學食品科學系研究所碩士論文。

林筑盈

2016 樹豆依品種及發芽時間探討其在體外之抗氧化以及對醣類分解酵素及蛋白質醣化反應之抑制作用。東海大學食品科學系碩士論文。

林筱晴

2016 樹豆對酒精誘導肝細胞損傷之保護效應及其活性成分之研究。國立嘉義大學食品科學系研究所碩士論文。

林鴈峯

2016 樹豆根酒精萃取物對大鼠的降血糖能力之評估。大葉大學生物產業科技學系碩士論文。

周選妹

2010 台東縣達仁鄉排灣族經濟社會的變遷（1895-1996）。國立臺灣師範大學歷史學系在職進修碩士班碩士論文。

Latour, Bruno（拉圖‧布魯諾）

2016 [1984] 巴斯德的實驗室：細菌的戰爭與和平（Pasteur: Guerre et Paix des microbes）。伍啓鴻、陳榮泰譯。新北：群學。

拉夫琅斯‧卡拉雲漾、嚴新富

2013 山林的智慧：排灣族 Tjaiquvuquvulj 群民族植物誌。屏東縣：原住民族委員會原住民族文化發展中心。

武氏翠蘭

2020 樹豆根之抗氧化、抗發炎及抗口腔癌潛力之探討。大葉大學生物科技與產業博士學位學程博士論文。

參考書目

姜金龍、彭武男

  1993　北部地區山坡地栽培樹豆之展望。桃園區農業專訊 6:
　　　　24-25。

柯培元

  1961　噶瑪蘭志略。臺北：臺灣銀行經濟研究室。

原住民電視台

  2016　樹豆，勇士的力量。十個種籽，十個部落。網路資
　　　　源 ， https://www.newsmarket.com.tw/titv/cajan/ ， 2019
　　　　年 1 月 16 日。

倪彥綉

  2018　新型態樹豆漿對高脂飲食誘導小鼠肝臟脂質蓄積之影
　　　　響。國立嘉義大學食品科學系研究所碩士論文。

Tsing, Anna L.（秦‧安娜）

  2018　[2015] 末日松茸：資本主義廢墟世界中的生活可能
　　　　（ The Mushroom at the End of the World: On the
　　　　Possibility of Life in Capitalist Ruins ）。謝孟璇譯。新
　　　　北：八旗文化。

高馥君、蘇正德、江文德、林筑盈

  2017　三種台灣樹豆之體外抗氧化活性與對血糖調節酵素及
　　　　蛋白質醣化反應的抑制作用。臺灣農業化學與食品科
　　　　學 55(2): 67-73。

許育甄

  2017　樹豆葉萃取物之生物活性探討。南臺科技大學生物科
　　　　技系碩士論文。

章明哲

　　2018　種植面積擴 7 倍，紅藜生產過剩價格下滑。公視新聞
　　　　　網。網路資源，https://news.pts.org.tw/article/394186，
　　　　　2023 年 8 月 18 日。

屠繼善

　　1960　恒春縣志。臺北：臺灣銀行經濟研究室。

張存薇

　　2015　台東休耕田種樹豆，每頃補助兩萬多。自由時報。網
　　　　　路資源，https://news.ltn.com.tw/news/local/paper/845751
　　　　　，2021 年 12 月 4 日。

張浩然

　　2020　利用反應曲面法優化根黴菌與耶氏酵母菌在樹豆豆渣
　　　　　之固態發酵條件及蔬菜抹醬之應用。輔仁大學食品科
　　　　　學系碩士班碩士論文。

張瑋琦

　　2011　幽微的抵抗：馬太鞍原住民食物系統的變遷。臺灣人
　　　　　類學刊 9(1): 99-146。

陳孝宇

　　2019　農政與農情。行政院農委會農業全球資訊網。網路資源
　　　　　https://www.coa.gov.tw/ws.php?id=2509547&print=Y 　，
　　　　　2021 年 12 月 4 日。

陳茂泰

　　1973　從旱田到果園－道澤與卡母界農業經濟變遷的調適。
　　　　　中央研究院民族學研究所集刊 36: 11–33。

參考書目

陳振義，吳菁菁

    2015   臺東雜糧三寶小米樹豆臺灣藜之產業概況與食材利用。臺東區農業專訊 93: 2-7。

陳振義、王勝、葉茂生

    2012   樹豆新品種－臺東 1 號、2 號、3 號之育成。臺東區農業改良場研究彙報 31-51。

陳淑均

    1963   噶瑪蘭廳志。臺北：臺灣銀行經濟研究室。

葉守禮

    2021   世界經濟與山城農業：長時段中的台灣小農經濟。國立東海大學社會學研究所博士論文。

曾振明

    1991   台東縣魯凱、排灣族舊社遺址勘查報告。國立臺灣大學考古人類學專刊 18。

黃炳文、姜金龍

    1996   樹豆間作超甜玉米效益分析。桃園區農業改良場研究彙報 27: 52-54。

黃新德

    2012   東排灣族部落的形成與遷徙—以台坂村為例。國立臺東大學公共與文化事務學系區域政策與發展研究碩士班碩士論文。

黃應貴

    1983   作物、經濟與社會：東埔社布農人的例子。中央研究院民族學研究所集刊 75: 133-169。

廖靜蕙

  2018　跟著望鄉部落採集傳統香料作物、樹豆漿打造微型文
      化產業。網路資源，https://e-info.org.tw/node/209288，
      2019 年 11 月 29 日。

臺灣總督府臨時臺灣舊慣調查會

  2003a 番族慣習調查報告書，第五卷，排灣族，第一冊。蔣斌
      主編，中央研究院民族學研究所編譯。臺北：中央研
      究院民族學研究所。

  2003b 番族慣習調查報告書，第五卷，排灣族，第五冊。蔣
      斌主編，中央研究院民族學研究所編譯。臺北：中央
      研究院民族學研究所。

  2004a 番族慣習調查報告書，第五卷，排灣族，第三冊。蔣斌
      主編，中央研究院民族學研究所編譯。臺北：中央研
      究院民族學研究所。

  2004b 番族慣習調查報告書，第五卷，排灣族，第四冊。蔣
      斌主編，中央研究院民族學研究所編譯。臺北：中央
      研究院民族學研究所。

劉育玲

  2001　台灣賽德克族口傳故事研究。國立花蓮師範學院民間
      文學研究所碩士論文。

蔣斌、李靜怡

  1995　北部排灣族家屋的空間結構與意義。刊於空間、力與
      社會，黃應貴主編，頁 167-212。台北：中央研究院民
      族研究所。

蔣斌

  1984　排灣族貴族制度的再探討—以大社為例。中央研究院
      民族學研究所集刊 55: 1-48。

參考書目

1999　墓葬與襲名：排灣族的兩個記憶機制。刊於時間、歷史與記憶，黃應貴編，頁 381-421。台北：中央研究院民族學研究所。

魯丁慧、柯勇男、林聖峰、陸象豫

2011　排灣族之植物利用。台北：行政院農業委員會林務局。

蔡晏霖

2016　農藝復興：臺台灣農業新浪潮。文化研究 22：23-74。

盧德嘉

1960　鳳山縣采訪冊。臺北：臺灣銀行經濟研究室。

閻雲翔

2017　禮物的流動：一個中國村莊中的互惠原則與社會網絡。上海：上海人民出版社。

顏愛靜、楊國柱

2004　原住民族土地制度與經濟發展原。臺北縣：稻鄉出版社。

譚昌國

1992　家、階層與人的觀念：以東部排灣族台坂村爲例的研究。國立台灣大學人類學研究所碩士論文。

2002　祖靈屋與頭目家階層地位：以東排灣土板村 Patjalinuk 爲例的研究。刊於物與物質文化，黃應貴編，頁 171-210。台北：中央研究院民族學研究所學術研討會。

2007　排灣族。台北：三民。

蘇琬婷

  2017 樹豆及其活性成分對於大鼠子宮收縮之影響。國立臺灣師範大學人類發展與家庭學系碩士論文。

Allen, O, N, and Ethel K. Allen

  1981 The Leguminosae: A Source Book of Characteristics, Uses, and Nodulation. Madison: University of Wisconsin Press.

Butler, Judith

  1999 Gender Trouble: Feminism and the Subversion of Identity. New York: Routledge.

  2009 Precarious Life: The Powers of Mourning and Violence London, New York: Verso.

Byth, D. E., et al.

  1981 Adaptation and Breeding Strategies for Pigeonpea in Proceedings of the International Workshop on Pigeonpeas Volume 1. Vrinda Kumbles, eds. Pp. 450-465. Patancheru: ICRISAT.

Deleuze, Gilles and Félix Guattari

  1987 A Thousand Plateaus. London: Athlone.

Edwards, D. G.

  1981 Development of Research on Pigeonpea Nutrition in Proceedings of the International Workshop on Pigeonpeas Volume 1. Vrinda Kumbles, eds. Pp. 205-211. Patancheru: ICRISAT.

FAO

  2009 Agri-business is the Cure for Jobless Recoveries, Indian Hunger Fighter Says. Electronic document, http://www.fao.org/asiapacific/news/detail-events/en/c/45922/. Accessed Jamuary 28, 2019.

Feld, Steven

1984　Ethnomusicology in Society for Ethnomusicology 28(3): 383-409.

Flikke, Rune

2018　Domestication of Air, Scent, and Disease in Domestication Gone Wild: Politics and Practices of Multispecies Relations. Swanson, Heather, Anne Swanson, Marianne Elisabeth Lien and Gro B. Ween ed. Pp. 176-195. New York, USA: Duke University Press.

Guthman, Julie

2011　Weighing In: Obesity, Food Justice and the Limits of Capitalism . Berkeley: University of California Press.

Haraway, Donna

2003　The Haraway Reader. New York: Routledge.

2016　Staying with the Trouble: Making Kin in the Chthulucene. Durham: Duke University Press.

Harris, Larry D.

1988　Edge Effects and Conservation of Biotic Diversity. Conservation Biology 2(4): 330-332.

Holmgren, David

2002　Permaculture: Principles and Pathways Beyond Sustainability. Hepburn: Holmgren Design Services.

Horvath, Agnes, Bjørn Thomassen, and Harald Wydra, eds.

2015　Breaking Boundaries: varieties of liminality. New York and Oxford: Berghahn.

ICRISAT

    1981   Proceedings of the International Workshop on Pigeonpeas, Volume 1. Pantancheru: ICRISAT

Ingold, Tim

    2000   The Perception of the Environment. London: Routledge.

Ingold, Tim and Jo Lee Vergunst

    2008   Introduction in Ways of Walking: Ethnography and Practice on Foot. Jo Lee Vergunst and Tim Ingold, eds. Pp. 1-19. New York: Routledge.

Kohn, Eduardo

    2013   How Forests Think: Toward an Anthropology Beyond the Human. Berkeley: University of California Press.

Krauss FG.

    1921   The Pigeon Pea (Cajanus indicus): its culture and utilization in Hawaii. Honolulu (HI): Hawaii Agricultural Experiment Station. 23 p. (Bulletin No. 46).

Malinowski, Bronislaw

    1922   Argonauts of the Western Pacific: An account of native enterprise and adventure in the archipelagoes of Melanesian New Guinea. London: G. Routledge & Sons.

Pankaja Reddy, R. and N. G. P. Rao

    1981   Genetic Improvement of Pigeonpea in Proceedings of the International Workshop on Pigeonpeas Volume 1. Vrinda Kumbles, eds. Pp. 393-402. Patancheru: ICRISAT.

Patel, Raj

    2009   Food Sovereignty, The Journal of Peasant Studies, 36: 3, 663-706

參考書目

Polanyi, Karl

    2001   [1944] The Great Transformation: the Political and Economic Origins of Our Time. Boston, MA: Beacon Press.

Pollan, Michael

    2006   The Omnivore's Dilemma: A Natural History Of Four Meals. New York: Penguin Press.

Povinelli, Elizabeth A.

    2016   Geontologies: a requiem to late liberalism. Durham: Duke University Press.

Pink, Sarah

    2010   The Future of Sensory Anthropology/the Anthropology of the Senses. Social Anthropology/Anthropologie Sociale 18(3): 331–340.

Reed, W., et al.

    1981   Pest Management in Low-Input Pigeonpea in Proceedings of the International Workshop on Pigeonpeas Volume 1. Vrinda Kumbles, eds. Pp. 99-105. Patancheru: ICRISAT.

RIBOCA

    2020   Tim Ingold "The Young, The Old And The Generation Of Now". Electronic document, https://www.youtube.com/watch?v=UqAbRA8lLIk. Accessed July 7, 2021.

Roy Sharma, R.P., et al.

    1981   Pigeonpea as a Rabi Crop in India in Proceedings of the International Workshop on Pigeonpeas Volume 1. Vrinda Kumbles, eds. Pp. 26-36. Patancheru: ICRISAT.

Sharma, D., et al.

1981　International Adaptation of Pigeonpeas in Proceedings of the International Workshop on Pigeonpeas Volume 1. Vrinda Kumbles, eds. Pp. 71-81. Patancheru: ICRISAT.

Stivale, Charles

1984　The Literary Element in "Mille Plateaux": The New Cartography of Deleuze and Guattari. SubStance 13(3/4): 20-34.

Swaminathan, M.S.

1981　Keynote Address in Proceedings of the International Workshop on Pigeonpeas Volume 1. Vrinda Kumbles, eds. Pp. 5-7. Patancheru: ICRISAT.

Tsai, Yen-Ling, Isabelle Carbonell, Joelle Chevrier, Anna Lowenhaupt Tsing

2016　Golden Snail Opera: the more-than-human performance of friendly farming on Taiwan's Lanyang plain. Cultural Anthropology, 31(4), 520-544.

Tsing, Anna L.

2005　Friction: An Ethnography of Global Connection. Princeton: Princeton University Press.

2013　More-than-Human Sociality: a call for critical description in Anthropology and Nature. Kirsten Hastrup eds. Pp 27-42. New York: Routledge.

2015　Mushroom at the End of the World: On the Possibility of Life in Capitalist Ruins. Princeton: Princeton University Press.

參考書目

Tsing, Anna L., Andrew S. Mathews, and Nils Bubandt

    2019   Patchy Anthropocene: Landscape Structure, Multispecies History, and the Retooling of Anthropology: An Introduction to Supplement 20. Current Anthropology 60(S20): 186-197.

Van der Maesen, L. J. G., et al.

    1981   Pigeonpea Genetic Resources in Proceedings of the International Workshop on Pigeonpeas Volume 1. Vrinda Kumbles, eds. Pp. 385-392. Patancheru: ICRISAT.

Weiner, James F., et al.

    1996   Aesthetics is a cross-cultural category in Key Debates in Anthropology. Tim Ingold, eds. Pp. 249-293. London: Routledge.

Whiteman, P.C. and B. W. Norton

    1981   Alternative Uses for Pigeonpea in Proceedings of the International Workshop on Pigeonpeas Volume 1. Vrinda Kumbles, eds. Pp. 365-377. Patancheru: ICRISAT.

Willey R. W., et al.

    1981   Traditional Cropping Systems with Pigeonpea and Their Improvement in Proceedings of the International Workshop on Pigeonpeas Volume 1. Vrinda Kumbles, eds. Pp. 11-25. Patancheru: ICRISAT.

東台灣叢刊之二十

樹豆知道：排灣族 vuvu 農地的混亂與共生

作　　者：林 岑
主　　編：葉淑綾
編輯委員：方鈞瑋、孟祥翰、林靖修、張溥騰、郭俊麟、潘繼道
執行編輯：孫慶祖
封面設計：莊詠婷

出　　版　財團法人東台灣研究會文化藝術基金會
　　　　　臺東市豐榮路 259 號　　　　Tel：（089）347-660
　　　　　　　　　　　　　　　　　　Fax：（089）356-493

　網　　址　http://www.etsa-ac.org.tw/
　E-mail　easterntw.book@gmail.com
　劃撥帳號　0 6 6 7 3 1 4 9
　戶　　名　財團法人東台灣研究會文化藝術基金會

代 售 處　三民書局股份有限公司
　　　　　臺北市重慶南路一段 61 號　　　Tel：02-23617511
　　　　　台灣ㄟ店
　　　　　臺北市新生南路三段 76 巷 6 號　Tel：02-23625799
　　　　　南天書局
　　　　　臺北市羅斯福路三段 283 巷 14 弄 14 號 Tel：02-23620190
　　　　　麗文文化事業
　　　　　高雄市苓雅區五福一路 57 號 2 樓之 2　Tel：07-3324910
　　　　　友善書業
　　　　　新竹市東區光復路一段 459 巷 19 號　Tel：03-5641232

出版日期　中華民國 113 年 4 月
定　　價　480 元

本會出版品一覽表

177

國家圖書館出版品預行編目(CIP)資料

樹豆知道：排灣族 vuvu 農地的混亂與共生/林岑著.
--臺東市：財團法人東台灣研究會文化藝術基金會，
民 113.04
　　面；　公分. -- (東臺灣叢刊；20)
ISBN 978-626-98011-1-4(平裝)

1.CST: 豆菽類 2.CST: 農作物 3.CST: 排灣族 4.CST:
飲食風俗

434.12　　　　　　　　　　　　　　113004806